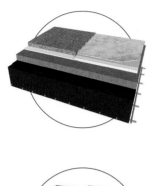

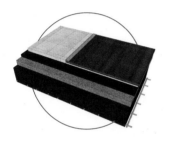

室内装饰材料与构造设计

于四维　樊丁——编著

化学工业出版社

·北京·

内 容 简 介

本书以室内常用建材以及部分新型建材来划分章节，涵盖石材、瓷砖、玻璃、涂料、皮革、板材、地材、顶材众多材料类型，并将材料在室内空间中的施工方法用CAD图纸、节点彩图的形式表现出来，同时搭配设计实景图。此外，书中对建材施工的要点内容进行解析，并给出材料图板，力求生动地将设计师关注的施工做法讲解清楚，帮助读者全面认识和掌握材料的应用。

本书可供室内设计人员、装饰工程施工人员、监督监理人员阅读，也可供相关培训学校、在校设计专业的师生等参考。

图书在版编目（CIP）数据

室内装饰材料与构造设计 / 于四维，樊丁编著．—北京：化学工业出版社，2022.9（2024.9重印）
ISBN 978-7-122-41832-6

Ⅰ．①室… Ⅱ．①于… ②樊… Ⅲ．①室内装饰-建筑材料-装饰材料 ②室内装饰设计 Ⅳ．①TU56 ②TU238.2

中国版本图书馆CIP数据核字（2022）第123024号

责任编辑：王　斌　吕梦瑶　　　　　　　　　文字编辑：冯国庆
责任校对：边　涛　　　　　　　　　　　　　装帧设计：韩　飞

出版发行：化学工业出版社（北京市东城区青年湖南街13号　邮政编码100011）
印　　装：盛大（天津）印刷有限公司
889mm×1194mm　1/16　印张19　字数400千字　　2024年9月北京第1版第2次印刷

购书咨询：010-64518888　　　　　　　　　售后服务：010-64518899
网　　址：http://www.cip.com.cn
凡购买本书，如有缺损质量问题，本社销售中心负责调换。

定　　价：128.00元　　　　　　　　　　　版权所有　违者必究

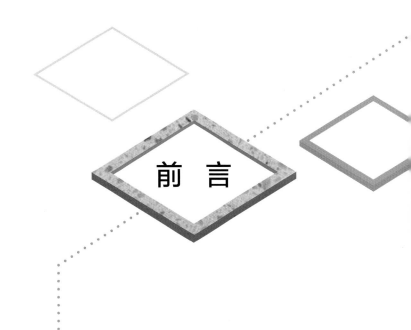

前　言

在设计工作和学习中，我们会发现，即使设计的方案非常完美、造型非常出众，若无法落地，那么这个方案便毫无意义。如果仅仅关心创意和美学，而不深究功能和落地实现，那么作为室内设计师必然是不合格的。对于室内设计项目的落地问题，就要联系到材料以及施工工艺，它们之间有着密不可分的关系。

材料与构造是室内设计的载体，可以表达出设计意图的宗旨。一切设计意图都是通过合理的材料、正确的构造技术、精湛的工艺来实现的。本书共分为八章，分别介绍了石材、瓷砖、玻璃、涂料、皮革、板材、地材和顶材，内容基本囊括了室内设计常用到的装饰材料，并且除了介绍装饰材料的属性特点以外，还以室内设计师的角度讲解了材料的应用场景，以装饰材料为模块分割，从常见分类、设计搭配、施工工艺、材料衔接工艺等方面，结合实际的项目案例，全方位进行解读，让读者彻底告别学习和实战脱节的困局。

本书内容实用，采用图片、思维导图、表格等多样的形式，简明、直观，更加通俗易懂。同时，为了避免碎片化的被动阅读，本书对相同材料在工艺构造或设计搭配上进行了整理，而后侧重讲解不同之处，这样的强化可以让人全面理解专业知识在实际项目中的应用，避免看完就忘的尴尬窘境。

另外，本书在资料整理、内容组织等方面，得到乐山师范学院民宿发展研究中心资助，在此表示感谢。

编者

目 录 CONTENTS

第二章　瓷砖

第一章　石材

03

第三章　玻璃

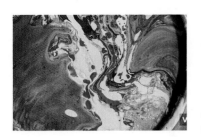

04

第四章　涂料

05

第五章　皮革

07

第七章　地材

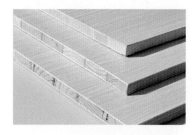

06

第六章　板材

08

第八章　顶材

第一章

石材

石材主要分为天然石材和人造石材。天然石材因其美观的装饰效果和耐磨等特点，一直被设计师们沿用至今，成为经典的装饰材料之一。天然石材具有很多无可复制的特点，尤其是其多变且自然的纹理，很难被取代。

因为天然石材的不断减少及开采限制，出于保护环境和节约资源的目的，人造石材的种类及花色也在不断增多，在一些部位逐渐开始取代天然石材，随着需求量的增大和科学技术的进步，也有着很宽广的发展前景。

石材基础知识

在建筑或是室内设计中常用到石材，石材的种类非常多，但主要分为两大类：天然石材与人造石材。天然石材因为是自然形成的，所以纹理比较自然、质感独特，但价格相对较高；人造石材是仿天然石材制作而成的，虽然自然感较差，但是价格比较便宜。

石材常见分类

砂岩

特点：无污染，冬暖夏凉，耐用性媲美大理石，可进行雕刻

用途：墙面、地面、柱子

板岩

特点：质感亚光，纹理特殊，板面图案自然天成

用途：墙面，地面

大理石

特点：质地坚硬，色彩和纹理丰富，装饰效果好

用途：地面、墙面、台面、隔断

洞石

特点：质地软，硬度低，表面有空洞结构

用途：墙面、屏风

花岗石

特点：质地特别坚硬，耐磨损，装饰效果较单一

用途：地面、墙面、台面

人造文化石

特点：仿照自然石
材外形，质
轻但强度高，
不沾灰尘

用途：墙面、地面

8.0

7.5

7.0

6.5

6.0

玉石

特点：气质典雅，
纹理独特、
尊贵，表面
有与玻璃相
似的透明感

用途：墙面、地
面、台面

人造石英石

特点：丰富的色彩
组合，极其
耐磨，不易
刮花，环
保，无辐射

用途：墙面、地
面、台面

人造大理石

特点：兼备大理石
的天然质
感，坚硬质
地，有陶瓷
的光泽

用途：墙面、地
面、台面

5.5

5.0

4.5

4.0

3.5

人造水磨石

特点：造价低廉，
可任意调色
拼花，防尘、
防滑，可媲
美大理石

用途：墙面、地
面、台面

3.0

2.5

2.0

1.5

1.0

0.5

0

石材设计搭配

根据纹理特点决定使用面积

　　天然石材的纹理总体可分为两种类型：一种是纹理和底色相差小且较规则的类型，此类石材既可大面积使用，也可做小面积装饰；另一种是纹理比较夸张的类型，此类石材大面积使用易混乱，更适合做背景墙或小面积地面拼花。

$\frac{①}{②}$

① 石材的纹理和底色相差较小，所以大面积地安装在墙面上不会给人缭乱的感觉

② 整个空间的墙面和局部顶面被石材覆盖，因为石材没有过于明显的纹理，所以人为地雕刻出规则的纹路，让墙面的存在感加强

搭对材料才能强化风格特征

石材是非常百搭的一种装饰材料，同一款石材可能既适合现代风格又适合古典风格。在使用时，可以搭配具有明显风格倾向的其他材料来强化风格特征，若想强化现代感，可搭配金属或玻璃等材料。

①
—
②

① 地面用水磨石材搭配金色美缝剂，强化了现代感，但也保留了石材的随性感，结合在一起就有新旧融合的氛围

② 提炼黑白灰的色彩，将天然板岩石材的自然灰色与家具纯净的白色融合，呈现出极简的格调

石材施工工艺与构造

石材可锯成薄板，经过磨光和打蜡，加工成表面光滑的装饰板材。常见的石材安装方式分为干挂、粘贴、湿挂三种，其中干挂法具备其他做法的所有性能优点，也是设计师必须要掌握的施工做法之一。

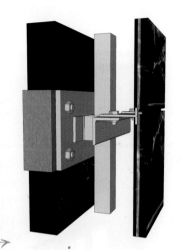

用干挂件连接石材与墙面钢架

适用范围：室内高度超 3.5m，石材板面分隔较大的空间墙面

干挂

石材通用做法

粘贴

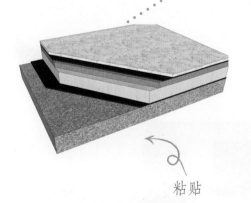

先打底再粘贴石材

适用范围：湿贴法可用于墙面和地面；干贴法适合固定家具、特殊造型或非大面积铺贴的矮小空间

湿挂

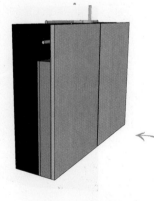

先捆扎或钩挂再灌浆

适用范围：对安全性要求极高的场所，一般用于室外

干挂法

　　干挂法又名空挂法，它是利用金属挂件将石材饰面板直接吊挂于墙面或空挂于钢架之上，不需要再灌浆粘贴，因此避免了由于水泥的化学作用而造成的饰面石板表面泛碱等问题。采用干挂法时石材厚度不宜小于 20mm，若墙面高度高于 4m，建议石材厚度大于等于 25mm。总体来说，干挂法具体有两种做法：第一种为无龙骨做法；第二种为有龙骨做法。

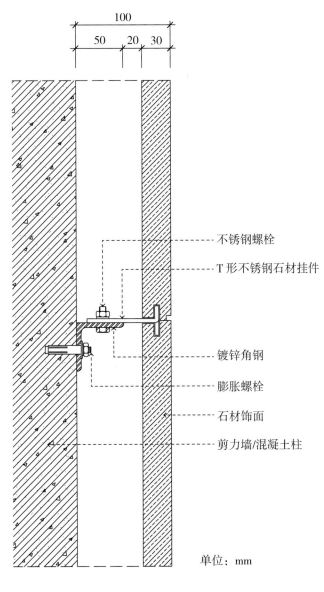

不锈钢螺栓

T 形不锈钢石材挂件

镀锌角钢

膨胀螺栓

石材饰面

剪力墙/混凝土柱

单位：mm

▲ 无龙骨做法

做 法

在石板背面开槽，槽内涂胶，将石板固定在预埋件上；或在墙面上打入膨胀螺栓，在石板上钻孔，用膨胀螺栓或金属型材卡紧固定

优 点

节省空间、造价低，施工方便，墙面和地面都可施工

缺 点

粘贴强度低，温湿度变化适应性弱

注意事项

该种做法只适用于石材干挂高度小于 5m 的情况

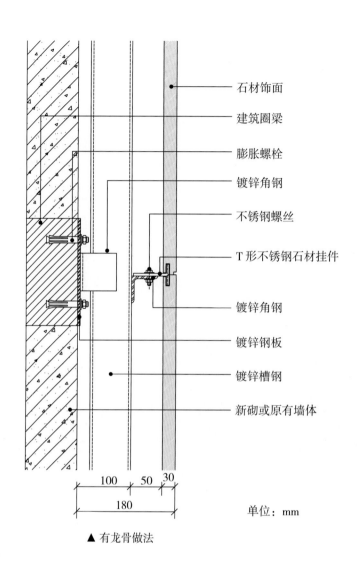

石材饰面

建筑圈梁

膨胀螺栓

镀锌角钢

不锈钢螺丝

T形不锈钢石材挂件

镀锌角钢

镀锌钢板

镀锌槽钢

新砌或原有墙体

100　50　30

180

单位：mm

▲ 有龙骨做法

做　法

龙骨即为钢筋网，做法与湿挂法相同，在石板上开槽，与金属网之间采用铁钩连接

优　点

强度高，温湿度变化适应性强，防止空鼓、泛碱，耐水性好

缺　点

对安装高度有要求，不能大面积施工

注意事项

龙骨必须是钢架，不能是轻钢龙骨、木龙骨等不能承重又容易变形的材料

粘贴法

石材粘贴是用黏结剂作为黏结材料，基层用水泥类材料打底，再粘贴石材饰面的做法。粘贴法可分为湿贴法和干贴法，其中湿贴法能用于墙面、地面，但干贴法只能用于墙面。

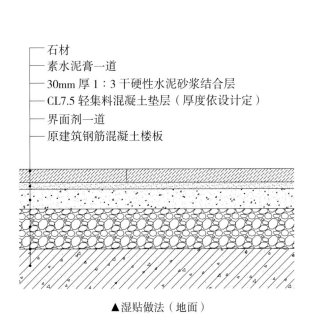

- 石材
- 素水泥膏一道
- 30mm 厚 1：3 干硬性水泥砂浆结合层
- CL7.5 轻集料混凝土垫层（厚度依设计定）
- 界面剂一道
- 原建筑钢筋混凝土楼板

▲湿贴做法（地面）

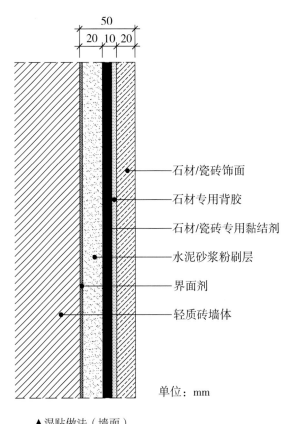

- 石材/瓷砖饰面
- 石材专用背胶
- 石材/瓷砖专用黏结剂
- 水泥砂浆粉刷层
- 界面剂
- 轻质砖墙体

单位：mm

▲湿贴做法（墙面）

做　法

用水泥砂浆或胶泥作为石材黏结材料，基层用水泥砂浆打底，再粘贴石材

优　点

节省空间、造价低，施工方便，墙面和地面都可施工

缺　点

粘贴强度低，温湿度变化适应性弱，易泛碱

注意事项

对于完成面尺寸有要求，且空间狭小，需要控制成本的墙面和地面宜采用湿贴法

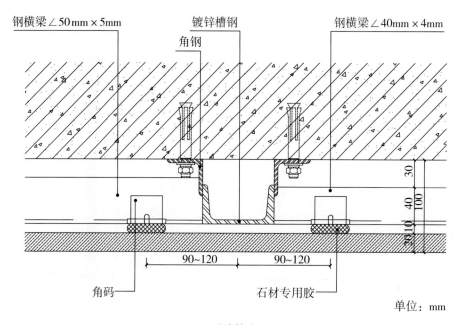

钢横梁∠50mm×5mm　　镀锌槽钢　　钢横梁∠40mm×4mm

角钢

30
40 100
30 10

90~120　　90~120

角码　　　　　　石材专用胶

单位：mm

▲ 干贴做法

做 法

用干粉型黏结剂作为石材黏结材料，基层用水泥砂浆或其他材料打底，再粘贴石材

优 点

强度高，温湿度变化适应性强，防止空鼓、泛碱，耐水性好

缺 点

对安装高度有要求，不能大面积施工

注意事项

对于完成面尺寸有要求，且空间狭小，需要控制成本的墙面和地面宜采用湿贴法

湿挂法

湿挂法是指石材基层用水泥砂浆作为粘贴材料，先挂板再灌浆的安装方法。湿挂法相对费工、费料且成本较高，对于室内空间较少采用这种方式。它一般有两种做法：第一种是钢筋网挂贴法；第二种是木楔固定法。

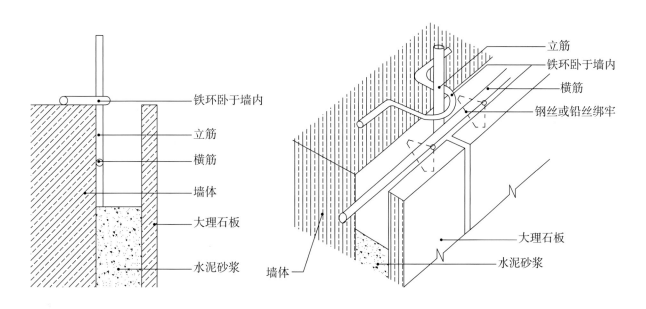

铁环卧于墙内
立筋
横筋
墙体
大理石板
水泥砂浆

立筋
铁环卧于墙内
横筋
钢丝或铅丝绑牢
大理石板
水泥砂浆
墙体

▲ 湿挂法

做　法

优　点

缺　点

注意事项

墙面预埋挂件，将钢筋焊接成钢筋网，钢筋同基层的预埋件焊牢后将石材绑扎在钢筋网上（或用金属扣件钩挂在网上），分层灌入水泥砂浆

节省空间、造价低，施工方便，墙面和地面都可施工

粘贴强度低，温湿度变化适应性弱，易泛碱

安装白色、浅色石板，灌浆应用白水泥和白石屑，以防透底

大 理 石

大理石由沉积岩和沉积岩的变质岩形成，主要成分是碳酸钙，其含量为 50%~75%，呈弱碱性。大理石表面条纹分布一般较不规则，硬度较低。经过加工处理后，主要用于地面和墙面装饰，因其耐磨、耐热等优点深受欢迎。

大理石的优点

☑ 装饰性良好

大理石色泽艳丽、色彩丰富，磨光之后质感柔和、美观庄重，格调高雅。可以加工成各种型材、板材，做建筑物的墙面、地面、台、柱等。

☑ 物理性稳定

大理石的组织致密，受撞击晶粒脱落后表面不起毛边，不影响其平面精度，材质稳定，能够保证长期不变形。

☑ 加工性优良

大理石属于中硬石材，对于大理石的加工没有特别的限制，可以锯、切、磨光、钻孔、雕刻等。

大理石的缺点

☑ 潮湿空间不建议铺装

大理石本身有毛细孔，与水汽接触太久，会造成光泽度降低，或是有纹路颜色加深的情形出现。因此，不建议将大理石铺装在卫生间等容易潮湿的地方。若要铺设的话，石材防水工程要做到表面的六面防护。

☑ 室外空间安装需谨慎

大理石易风化、耐磨性差，长期暴露在室外条件下会逐渐失去光泽、掉色甚至裂缝。用于铺设室外地面的厚度为 40~60mm；用于铺设室内地面的厚度为 20~30mm；用于铺设家具、台面的厚度为 18~20mm。

天然大理石与人造大理石的区别

天然大理石

结构组成：地壳中原有的岩石经过地壳内高温高压作用形成的变质岩

纹理特征：花纹自然、丰富

施工特点：石材连接处十分明显，不能做到无缝拼接

人造大理石

结构组成：天然石材的碎石为填充料，加入水泥、石膏和不饱和聚酯树脂

纹理特征：花纹的人工制造感比较强

施工特点：石材连接处不明显、整体感强

注：天然大理石的价格较高，人造大理石的价格较低，故很多人会用人造大理石代替天然大理石，所以在此进行比较。

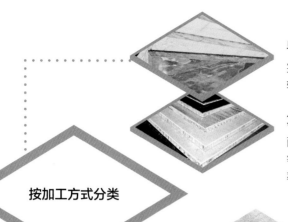

单板

完全使用大理石制作的板材，为单一石材结构，是较为传统的大理石板材形式

复合板

面材为大理石，基材为瓷砖、石材、玻璃或铝蜂窝等。与单板比重量更轻、强度更高，提高了安装效率和安全性

按加工方式分类

大理石的材料分类

按色彩分类

按表面处理方式分类

米黄色系

色彩柔和、温馨，是使用较多的一个种类，包括金线米黄、莎安娜米黄、西班牙米黄等多种类型

黑色系

具有庄严、肃穆的效果，墙面上适合局部使用，使用过多容易显得压抑，包括黑白根、银白龙等类型

灰色系

色彩高雅、简洁，有不同深度的灰色，包括波斯灰、土耳其灰、冰岛灰、杭灰、云灰等多种类型

白色系

具有简洁、明亮的感觉，纹理多为灰色，可大面积使用，常用的有爵士白、雅士白、翡翠白、大花白等

抛光板

表面非常平滑，高度磨光，有镜面效果，有高光泽，是最常使用的一类大理石板

亚光板

表面平滑，但是低度磨光会产生漫反射，无光泽，不产生镜面效果，无光污染

酸洗板

用强酸腐蚀石材表面，使其有小的腐蚀痕迹，外观具有极强的质朴感，适合有特殊效果需求的情况

材料施工工艺

✍ 大理石地面粘贴工艺

◎ 大理石作为地面材料常会有大气、优雅的气质，如果本身室内空间较大，通铺大理石地砖可以有不错的效果。

◎ 在正式铺设前，应对每个房间的石材板块，按颜色、图案、纹理进行试拼，将非整块板对称排放在房间靠墙部位，试拼后按两个方向编号排列，然后按编号排放整齐。

◎ 干硬性水泥砂浆做找平应按照 1：3 比例的水泥和砂进行配比，用其合成的水泥砂浆做 30mm 厚的面层，用来做地面的找平，其平整度应不小于 3mm。

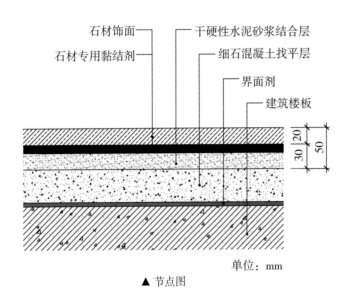

石材饰面 —— 干硬性水泥砂浆结合层
石材专用黏结剂 —— 细石混凝土找平层
界面剂
建筑楼板

30 | 20
50

单位：mm

▲ 节点图

干硬性水泥砂浆结合层
石材专用黏结剂
细石混凝土找平层　石材饰面
界面剂
建筑楼板

▲ 三维示意图

材料替换

瓷砖替代石材

石材粘贴和瓷砖粘贴的构造做法完全相同。若石材用于空间地面，呈现的是大气、优雅的感觉，如果换成瓷砖，可以改变室内氛围，变得现代、素雅，但是安装方式不变，构造也一样。

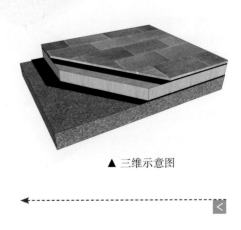

▲ 三维示意图

方案一 方案在改造前地面铺装的就是混色的大理石，所以在改造时保留了地面的设计，让住宅有种隐约的复古感。隔墙则是采用不会阻挡光线的镂空设计与玻璃砖设计，通透又保有私密性。整个空间虽然色彩简单，主要以灰色为主，但是墨绿色与灰白色的大理石的组合拼贴，让空间变得有层次起来。

▶ 实景效果图

方案二

　　方案中的室内空间简洁纯粹，大胆的几何图形以精巧的手法组合在一起。三堵曲面墙构筑在大理石拼接地板与白色波浪形天花板之间，形成流动空间。带有独特纹样的门暗示着内部空间的无限可能。房间内，墙面上的圆镜模拟出窗户，弥补了空间的缺点。

▲ 实景效果图

材料收口

石材踢脚收口

　　① 用材：石材踢脚线；水泥；中砂等。

　　② 作业条件：墙面已经清理干净；将阳角处踢脚线的一端，切成45°。

　　③ 施工工艺：基层处理 → 放线 → 切割放样 → 找平层→粘贴石材 → 验收。

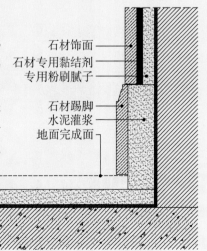

石材饰面
石材专用黏结剂
专用粉刷腻子
石材踢脚
水泥灌浆
地面完成面

30　20

单位：mm

▼ 实景效果图

方案三

　　方案中装修的主要材料为大理石，为了迎合商场为顾客呈现出较温和且高品质的氛围，使用相同材质但色彩不同的大理石，分别装饰地面和洗手台，提供了较为温馨的感受。

✍ 大理石墙面干挂工艺

◎ 大理石上墙可以有非常不错的装饰效果，无论是现代风格还是传统风格都可百搭。

◎ 对施工人员进行石材干挂技术交底时，应强调技术措施、质量要求和成品保护。弹线必须准确，经复验后方可进行下道工序。

◎ 固定的角钢和平钢应安装牢固，并应符合设计要求，应用护理剂进行石材留面体防护处理。

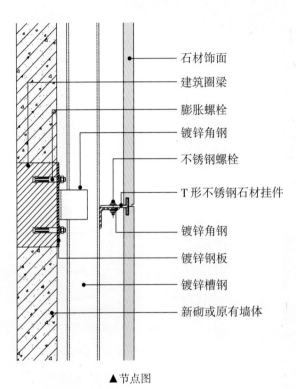

石材饰面
建筑圈梁
膨胀螺栓
镀锌角钢
不锈钢螺栓
T形不锈钢石材挂件
镀锌角钢
镀锌钢板
镀锌槽钢
新砌或原有墙体

▲节点图

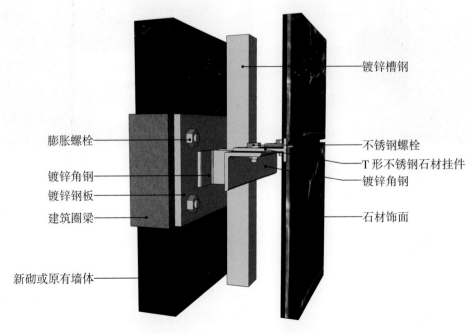

镀锌槽钢

膨胀螺栓
镀锌角钢
镀锌钢板
建筑圈梁

不锈钢螺栓
T形不锈钢石材挂件
镀锌角钢
石材饰面

新砌或原有墙体

▲三维示意图

方案一 　　方案中一面面耸立的浅蓝云纹石墙给人留下了深刻的印象，自然却浑然天成的纹路图案，改变了传统中死板的办公空间印象。

▲ 实景效果图

方案二

　　案例中墨绿色的大理石作为背景墙的装饰，在整个白色空间中，天然大理石自然的纹理和色彩，有着独特而又突出的装饰效果。

▲ 实景效果图

▼ 实景效果图

方案中主色调为黑白灰，配以暖光灯为点缀，以此散发出更多活力，追求美感的同时，通过冷暖材质的对比，巧妙地将空间层次进行划分。大理石地面和饰面板顶棚划分为两个功能区，不失流通性，让每一处都能相互渗透。

✍ 大理石与木地板衔接（L 形收边条）

◎ 大理石地砖和木地板都是室内装修常用到的材料，但它们之间却能形成一冷一暖的氛围。

◎ 采用 L 形收边条，能够让衔接处的收边比 U 形收边条更加隐形，能够和地面上的不锈钢装饰线条融合在一起。

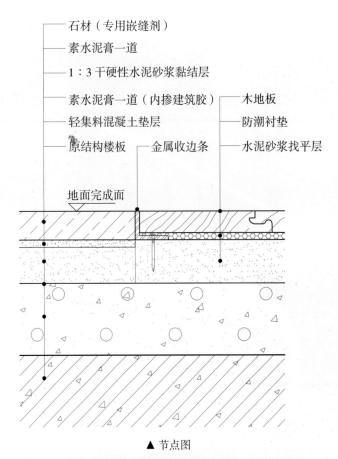

石材（专用嵌缝剂）
素水泥膏一道
1：3 干硬性水泥砂浆黏结层
素水泥膏一道（内掺建筑胶）　木地板
轻集料混凝土垫层　防潮衬垫
原结构楼板　金属收边条　水泥砂浆找平层
地面完成面

▲ 节点图

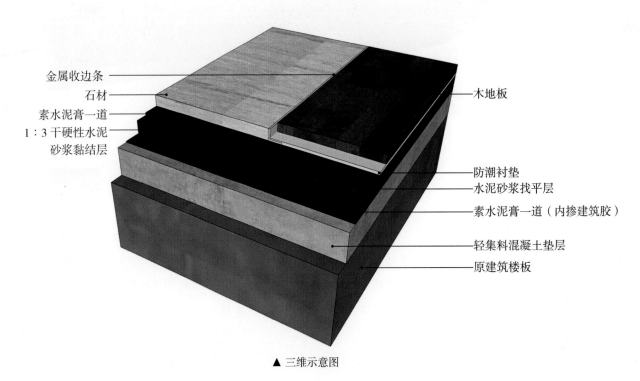

金属收边条
石材
素水泥膏一道
1：3 干硬性水泥砂浆黏结层
木地板
防潮衬垫
水泥砂浆找平层
素水泥膏一道（内掺建筑胶）
轻集料混凝土垫层
原建筑楼板

▲ 三维示意图

方案一

案例中白色石材与木地板分别铺装在不同的空间中，中间用L形木纹不锈钢收边条收边。这样视觉上就能形成分区效果，材质的对比也让空间变得更有层次。

▶ 实景效果图

方案二

　　案例中卧室和卫生间分别使用木地板及地砖两种材料，因此在两个区域过渡的地方会使用 L 形收边作为一个过渡，收边条的颜色与地面的颜色相近，这样整体看过去两个空间即使使用了不同的材料，也没有破坏整体感。

方案三

　　案例中地面米色的大理石带来了如同帐篷和船帆一般的光滑及柔和感受，与同样有温暖感的木地板搭配，更是加强了这种温馨、柔和的感觉。同时，弧形的顶面遮盖了现场大尺寸的天花管道，同时保持了心理上较为舒适的层高，也同样呼应了这种光滑、柔和的感觉。

▲ 实景效果图

▲
实
景
效
果
图

✍ 大理石与木地板衔接（搭接式）

◎ 充满冰凉感的石材与有温暖感的木材搭配，可以产生冷暖平衡的视觉效果。

◎ 在做找平层时注意，木地板部位要用细石混凝土做 30mm 左右的找平层。

◎ 做黏结层时，石材部位用 1：3 的干硬性水泥砂浆做 30mm 厚的黏结层，注意保证石材和木地板表面相平。

◎ 石材和木地板之间采用搭接的方式，让两者之间更加稳固。

◎ 木地板在安装时应错缝安装，且在临墙处预留 5mm 宽的伸缩缝。

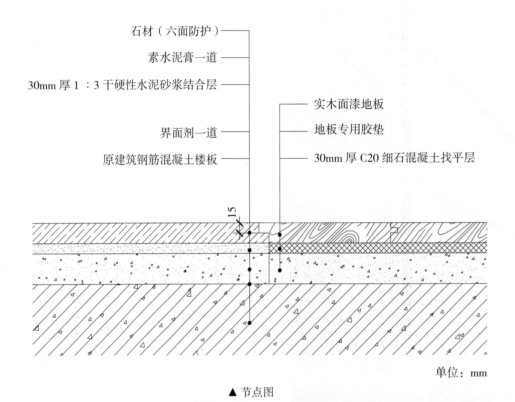

石材（六面防护）

素水泥膏一道

30mm 厚 1：3 干硬性水泥砂浆结合层

界面剂一道

原建筑钢筋混凝土楼板

实木面漆地板

地板专用胶垫

30mm 厚 C20 细石混凝土找平层

15

单位：mm

▲ 节点图

石材（六面防护）

素水泥膏一道

30mm 厚 1：3 干硬性水泥砂浆结合层

界面剂一道

实木面漆地板

地板专用胶垫

30mm 厚 C20 细石混凝土找平层

原建筑钢筋混凝土楼板

▲ 三维示意图

▲ 实景效果图

方案

　　案例中过道的大理石拼花地面优雅大方，书房的木地板温润自然，两者之间采用搭接的方式，让衔接处更加自然，也更加适合用于大面积的开敞空间中。在木地板临近石材的边缘处，反向倒5mm×10mm 的凹槽，并在安装时，用胶水将其与石材的对应位置进行固定。

✏ 大理石与不锈钢衔接

◎ 大理石材料虽然质感硬冷，但却不会给人难以接近的感觉。

◎ 不锈钢材料的现代感非常强，搭配大理石设计可以减少石材的柔和感。

◎ 金属压条比普通收边条都要宽，不仅很容易起到装饰效果，而且能够有效防止木地板的起翘。

◎ 通过自攻螺钉将金属压条固定在木地板边缘，比胶更加稳固。

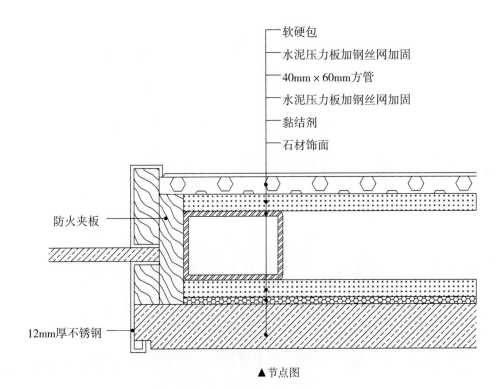

软硬包
水泥压力板加钢丝网加固
40mm×60mm方管
水泥压力板加钢丝网加固
黏结剂
石材饰面

防火夹板

12mm厚不锈钢

▲节点图

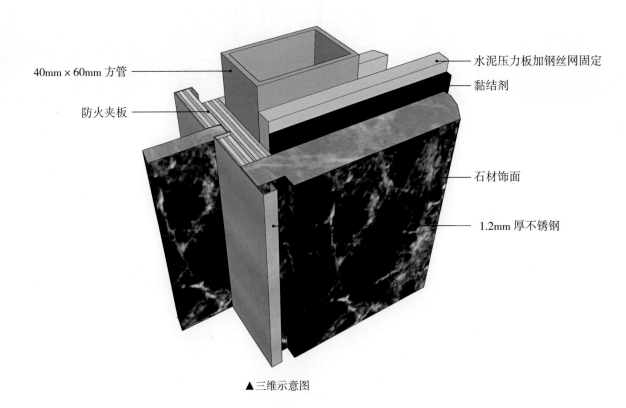

40mm×60mm 方管

防火夹板

水泥压力板加钢丝网固定

黏结剂

石材饰面

1.2mm 厚不锈钢

▲三维示意图

第一章
石材

方案

　　案例中吧台的背景墙以镜面柜为主，所以墙面的大理石选择了纹理和色彩相对低调的款式，几何切割的不锈钢嵌条让墙面看上去不再死板，反而有一种现代个性与华丽复古融合的氛围感，将吧台从整个开放式的空间中突显而出，让空间的层次也变得清楚起来。

▲实景效果图

✍ 大理石与木饰面衔接

◎ 大理石偏冷的质感与木饰面偏暖的质感形成对比，冷暖的矛盾感可以突出设计的重点。

◎ 对于大理石，要做好六面防护，并用专用保护膜做好成品保护。

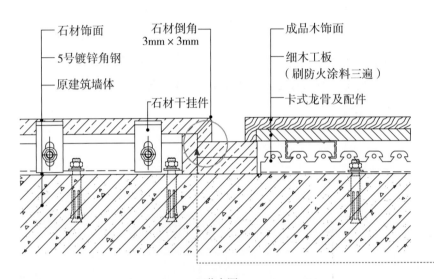

石材饰面
5号镀锌角钢
原建筑墙体
石材倒角 3mm×3mm
石材干挂件
成品木饰面
细木工板（刷防火涂料三遍）
卡式龙骨及配件

▲ 节点图

材料收口

石材倒斜角收口

① 工艺特点：两块石材交接时，需对其中一块石材阳角端点进行"倒斜角"磨边处理，处理成边长为 5mm 的等边三角形。

② 适用部位：阳角。

③ 装饰效果：简洁、锐利、见光（侧边存在一定交接缝隙）。

④ 施工：对施工技术有一定的要求，对石材的完整度也有一定的损耗。

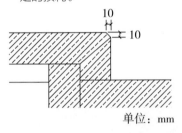

单位：mm

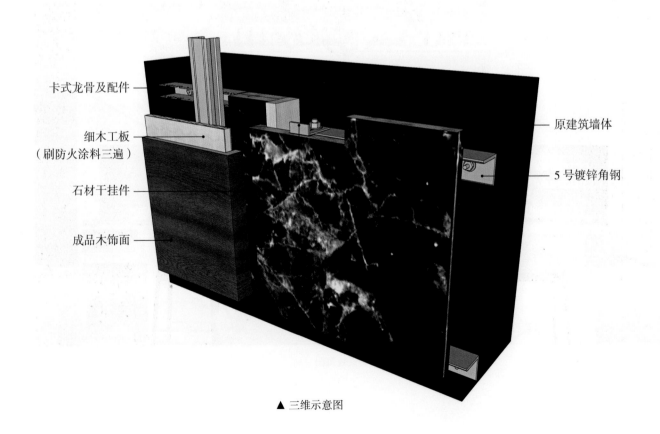

卡式龙骨及配件
细木工板（刷防火涂料三遍）
石材干挂件
成品木饰面
原建筑墙体
5号镀锌角钢

▲ 三维示意图

方案

　　方案中石材与木饰面的结合不仅带来干净利落的线条感，大理石的自然纹理更是提升了空间的品质，使整个空间更为自然舒适，用作客厅的背景墙可以更加吸引人的视线。

▲ 实景效果图

花岗岩

花岗岩是一种岩浆在地表以下凝结形成的火成岩，主要成分是长石和石英。花岗岩硬度高于大理石，耐磨损，具有良好的抗水、抗酸碱和抗压性；不易风化，吸水性弱；颜色美观，多为黄色带粉红的，也有灰白色的；质地坚硬，外观色泽可保持百年以上。

花岗岩的优点

☑ 硬度较高

花岗岩硬度较高，经久耐用，易于维护表面，是作为墙砖、地材和台面的理想材料。

☑ 物理性稳定

花岗岩内部颗粒彼此紧扣，间隙不到岩石总体积的 1%，使得花岗岩具有良好的抗压性和较低的吸水率，与大理石不同的是，花岗岩可用于室外。

花岗岩的缺点

☑ 可能存在放射性

天然石材本身可能存在放射元素，花岗岩也不例外，所以使用花岗岩的时候需要测量其辐射水平，再确认其使用场合。

☑ 无法避免有接缝

通常，天然石材的长度不长，所以要想做成大型的地面铺装，肯定会有接缝，影响美观的同时容易藏污纳垢。

花岗岩与岩板的区别

花岗岩

硬　度：莫氏硬 6~7 级，非常坚硬

花　色：无论是颜色还是纹理都非常丰富

安全性：天然花岗岩可能存在辐射危害，人造花岗岩在施工时也可能有甲醛超标的问题

岩板

硬　度：莫氏硬度 6~7 级，非常耐磨

花　色：颜色和纹理相对比较单一

安全性：无毒害，无辐射，能与食物直接接触，纯天然的选材

注：花岗岩与岩板的硬度相当，故在此进行对比。

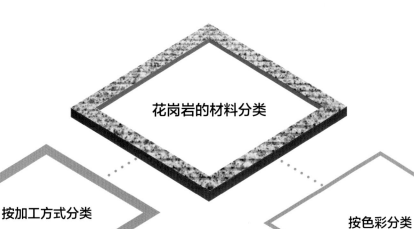

花岗岩的材料分类

按加工方式分类

按色彩分类

剁斧板材

石材表面经手工剁斧加工，表面粗糙，具有规则的条状斧纹。表面质感粗犷，用于防滑地面、台阶、基座等

机刨板材

石材表面经机械刨平，表面平整，有相互平行的刨切纹，与剁斧板材有类似用途，但表面质感比较细腻

粗磨板材

石材表面经过粗磨，平滑无光泽，主要用于需要柔光效果的墙面、柱面、台阶、基座等

磨光板材

石材表面经过精磨和抛光加工，表面平整光亮，花岗岩晶体结构纹理清晰，颜色绚丽多彩，用于需要高光泽、平滑表面效果的墙面、地面和柱面

红色系

磨光板色彩较为浓烈，华丽感强烈，不建议大面积使用，包括四川红、石棉红、岑溪红、虎皮红、樱桃红等

棕色系

属于比较中性的花岗岩，非常百搭，但种类较少，常用的有静雅棕、英国棕及咖啡钻等

花白系

通常为白底，带有棕色、灰色或黑色纹理，包括白石花、黑白花、芝麻白、花白、岭南花白、四川花白等

黑色系

色彩最暗的花岗岩，小空间内不建议大面积使用，常见的有淡青黑、纯黑、芝麻黑、山西黑、黑金砂等

黄色系

具有温馨感，纹理变化多样，常用的有锈石、虎皮黄、加里奥金、西西里金麻、黄金麻、路易斯金等

材料施工工艺

✍ 花岗岩与环氧磨石衔接

◎ 花岗岩和环氧磨石从表面上看差别不大，两者衔接也不会有较大的风格冲突，反而能够形成比较和谐但略有差别的铺装效果。如果选择相同色系的两种材料衔接，更能体现整体感。

◎ 环氧磨石拥有环氧树脂地板的所有优异性能，能设计成各种图案，同时做到墙地一体。

◎ 铺贴花岗岩时应注意做好石材的六面防护，防止出现水斑、泛碱等质量问题。

◎ 石材与环氧磨石之间的分隔条通常为金属，能与其他做装饰用的金属嵌条相融合，达到统一的效果。

◎ 除了安装分隔条外，还可以通过密封胶嵌缝来实现相接。

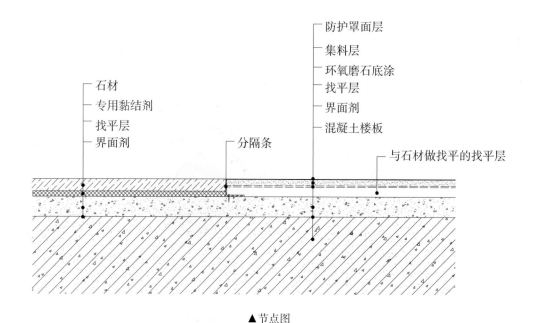

▲ 节点图

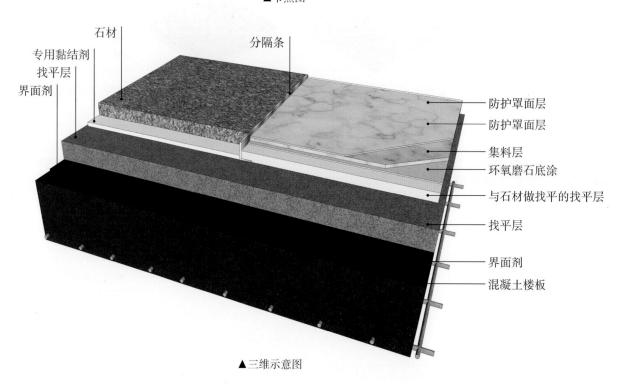

▲ 三维示意图

▲实景效果图

方案

　　案例中办公通道通铺了花岗岩，而在独立的办公房间铺设了环氧磨石，两者相接处的金属条很细，不会影响到整体的装饰效果，而且大面积的环氧磨石与花岗岩的相接更加适合用于办公空间中走廊或大厅与办公区域的交界处等这些常有人走动的区域。

花岗岩与木饰面衔接

◎ 无论什么颜色的花岗岩，都会带有石材本身特有的冷硬感，而木饰面则给人温暖的感觉，两者搭配在一起形成一冷一热的对比感，平衡过冷或过热的感觉。

◎ 在用水泥砂浆做找平的时候要提前预控好石材与木饰面的完成面尺寸，用调整找平厚度的方式来控制石材完成面的尺寸。

◎ 在石材与木饰面的收口处，可以将其侧边倒 3mm 的斜边，让侧边见光，形成极小的滑坡。

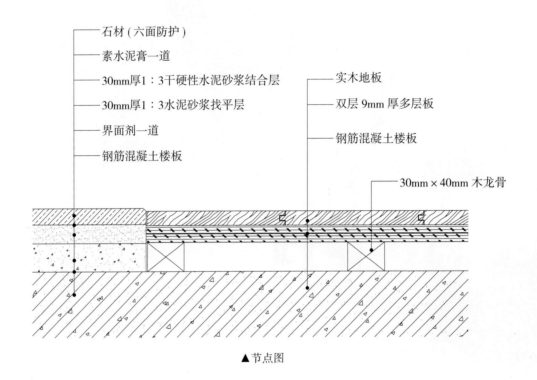

▲ 节点图

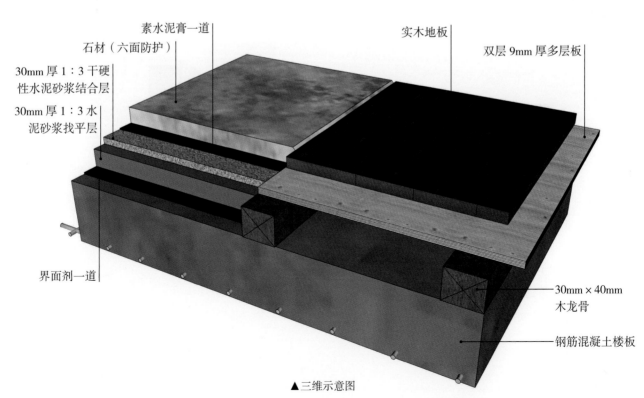

▲ 三维示意图

方案

　　案例中花岗岩是地面的主材，但是也在墙面向内部延续着。在这样的灰色基调中，木质的自然感和舒适感穿插其间，为空间带来了适宜的温度，而木饰面的精致也为空间的品质提供了保证。

▶ 实景效果图

✍ 花岗岩与铜嵌条衔接

◎ 铜嵌条和其他金属一样，常会给人比较现代的氛围，搭配本身现代感并不强烈的花岗岩，形成复古而现代的氛围。

◎ 铜嵌条在石材地面上主要起到装饰空间的作用，在客厅、酒店大厅等空间中被广泛应用，提升空间的质感。

◎ 在对石材进行切割或背网铲除后，须对石材进行局部的防护处理后再进行铺贴，铺贴 15 天后再进行清缝、填缝的工作，让水泥砂浆中多余的水分充分发挥。

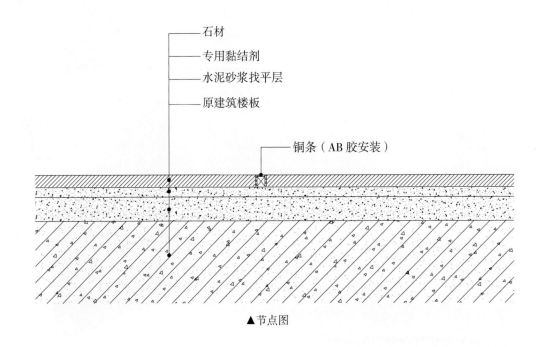

石材
专用黏结剂
水泥砂浆找平层
原建筑楼板

铜条（AB 胶安装）

▲节点图

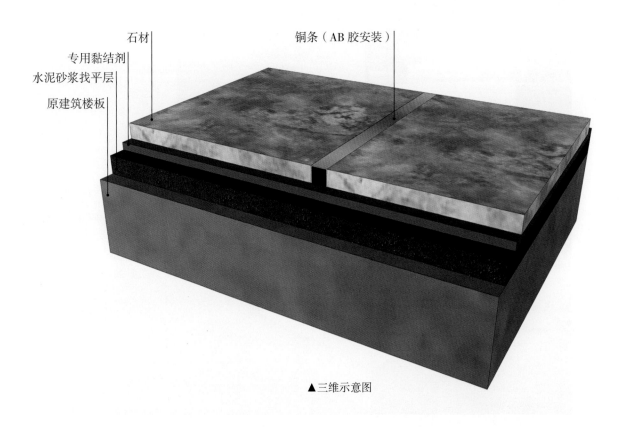

石材　　　　　　　铜条（AB 胶安装）
专用黏结剂
水泥砂浆找平层
原建筑楼板

▲三维示意图

　　案例中玄关和客厅的地面都使用花岗岩石材料，这样看上去比较宽敞，但为了能让玄关与客厅有所区分，在玄关与客厅两个空间的交汇处，以铜嵌条装饰，隐形地进行了分割。铜嵌条的金属光泽在亚光的大理石地砖中，有着不一样的装饰效果。

▶ 实景效果图

板岩

板岩是具有板状结构，基本没有重结晶的岩石，是一种变质岩，原岩为泥质、粉质或中性凝灰岩，沿着纹理的方向可以剥成薄片。板岩的颜色随其所含有的杂质不同而变化。板岩可做墙面或地板材料，与大理石和花岗岩比较，不需要特别的护理，具有沉静的效果，防滑性能出众。

板岩的优点

☑ 天然独特的装饰感

具有自然天成的独特外表和多种色彩，砖与砖之间各不相同，使空间变得独一无二，增加美感。这是其他人工地板或天然石板砖难以实现的效果。

☑ 持久耐用

板岩具有高耐磨性，适合用在高人流的地方。随着不停的摩擦，表面还会形成光滑的质感，非常有个性。

☑ 超高防滑性

板岩的表面是粗糙、坚硬的，其凹凸不平的特性使其具有超高的防滑性。

板岩的缺点

☑ 表面易积存污垢

一般的石材带有细孔，吸水率高，怕潮湿。天然板岩因为其结构关系，虽然容易吸水，但是水分挥发也非常快。在浴室中做地面特别容易积存污垢，要及时清理，不要让污垢停留。

☑ 不适合用于油烟大的空间

天然板岩的细孔不仅吸收水汽，还会吸油，水汽挥发得快，油污却会存留下来，时间长了以后会形成油渍，导致变色。所以厨房中不适合使用板岩，一定要用的话可以选择黑色的款式，平时勤用清水清洁。

整材与碎材的区别

整材

定义：整材即为尺寸规整的板材

尺寸：常见尺寸有 300mm×300mm、200mm×400mm、400mm×400mm 等

应用：因为防滑性好，卫生间内也可使用

碎材

定义：尺寸和形状均不规则的板材

尺寸：尺寸不定，一般通过修整后制作成类似马赛克的样子

应用：墙面应用较多，多用在背景墙部分

板岩的材料分类

按品种分类

按产地分类

啡窿石

属于黄色系板岩，浅褐色并带有减层叠式的纹理，非常明显。室内适合用于装饰地面

印度秋

属于铁锈板岩的一种，底色是黄色和灰色交替出现，色彩层次很丰富，具有仿锈感，可用于室内墙面与地面

绿板岩

属于绿色板岩，底色为绿色，但没有太明显的纹理变化，可用于室内墙面与地面

河北板岩

河北为出产板岩的大省，种类和产品众多，主要有铁锈色板岩、黄木纹的杂色板岩、黑色板岩及灰色板岩

挪威森林

属于黑色板岩，底色为黑色，夹杂黑色条纹纹理，相当具有特点，可用于室内墙面与地面

北京板岩

北京房山主要出产黄木纹板岩、海洋绿板岩、淡绿板岩及黑色板岩等

加利福尼亚金

属于黄色系板岩，色彩仿古且层次比较丰富，同时含有灰色及黄色等，可用于室内墙面与地面

铁锈板岩

属于幻彩板岩，具有仿佛铁被锈蚀后的效果，非常有个性，可用于室内墙面与地面

江西板岩

江西庐山市主要出产黑色及绿色板岩，但相比较来说，价格比较高

材料施工工艺

☑ 板岩与门槛石、石材衔接

◎ 门槛石是家居空间中常见的结构，也是容易被忽视的位置。它连接了两个不同的空间，需要对不同的材质进行衔接。若是卫生间与其他空间的门槛石，要留有高差，方便排水。

◎ 铺贴门两侧的石材时，要根据设计图纸确定门两侧地面的高差，以及石材图案的拼接方式后，再进行试铺，试铺时可对石材进行编号，正式铺贴时按照编号进行铺贴。

◎ 止水坎能够有效地防止有水房间的水通过墙根流向另一个房间，通常被用于卫生间、淋浴间、厨房及阳台。该做法更适合淋浴间的门槛石处。

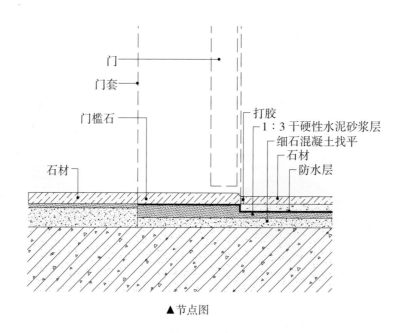

▲节点图

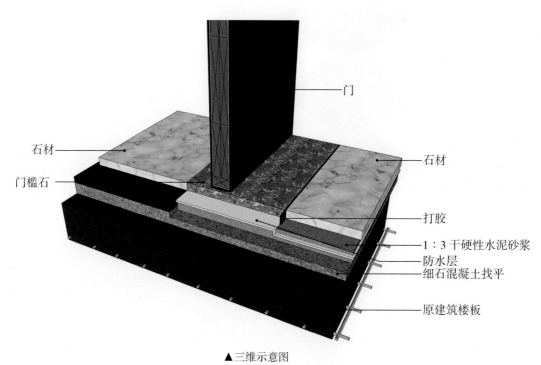

▲三维示意图

方案

　　案例中选用两种不同材质的石材铺贴，但是色彩上保持一致。中间以相同材质的门槛石作为过渡，也有了分区的作用。

▲实景效果图

砂 岩

砂岩由石英颗粒（砂子）形成，结构稳定，通常呈淡褐色或红色，主要含硅、钙、黏土和氧化铁。砂岩与大理石和花岗岩相比质地较软，在耐用性上也可比拟大理石、花岗岩。它不易风化、变色，同时古朴典雅，深受人们喜爱。

砂岩的优点

☑ 暖色调风格古朴、大气

砂岩属于暖色调材料，能够塑造素雅、温馨又不失华贵大气感的效果。

☑ 零放射性

砂岩为亚光石材，无光污染，且放射性基本为零，对人体毫无伤害，适合大面积应用，同时不会产生因光反射而引起的光污染。

☑ 可塑性强

砂岩由于其颗粒粗犷，可雕琢性强，特别适宜用作大型户外石雕作品材料。

砂岩的缺点

☑ 挑选合理安装方式

砂岩是沉积岩，强度低、吸水率高，因此必须认真挑选石材面板及合理的安装方式，以最大限度地保证使用安全。

☑ 后期维护成本大

砂岩具有比较稳定的性能，但因为使用环境和气候与产地的差异，只有精心保养才能够保证使用效果历久弥新。砂岩不可直接用水、酸性或碱性溶剂清洁，只能使用中性清洁剂清洁。

普通板与加厚板的区别

普通板

定义：厚度为 20mm 左右的砂岩板，即为普通板

尺寸：厚度适中，尺寸多为 600mm×300mm 或 600mm×100mm 等

应用：适合采用砂浆进行湿贴，或用石材胶进行干贴

加厚板

定义：厚度为 30mm 及以上的砂岩板，即为加厚板

尺寸：厚度较厚，尺寸为 600mm×300mm 或 600mm×100mm 等

应用：此类板材多在干挂施工时使用，因为砂岩较软，所以要增加厚度才能干挂

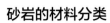

砂岩的材料分类

按品种分类

按产地分类

红色砂岩

因为亚光的质感，红色砂岩很少会显现出正红色，多为暗红色或朱红色等颜色，室内多小面积使用或做浮雕

绿色砂岩

绿色砂岩的色彩相差不大，多为略带灰度的绿色，与红色砂岩一样，室内多做小面积点缀使用或做浮雕

黄色砂岩

多呈现黄色或米黄色，是除了木纹砂岩外，使用最多的一种砂岩，既可装饰墙面，也可制作大面积的浮雕

灰色砂岩

浅灰、中灰、深灰等均有，是较为百搭的一种砂岩，使用面积可根据情况具体选择

黑色砂岩

有浓黑、浅黑等分别，有的带有隐约的白点，有的不带白点，通常不会大面积使用

木纹砂岩

非常独特的品种，带有类似木纹的纹理，以黄色居多，也有灰色、红色、褐色等，装饰墙面时可大面积使用

四川砂岩

属于泥砂岩，颗粒细腻，质地较软，其颜色是中国砂岩中最丰富的，但因质地软且运输不便，所以多为条板形

云南砂岩

与四川砂岩同属于泥砂岩，特点相同。颜色也很丰富，但纹理比四川砂岩更漂亮，可供 1m 以上的大板

山东砂岩

属于海砂岩，颗粒粗、硬度高，相对比较脆，色彩相对较少。因为硬度高，所以基本都能切成 1.2m 以上的大板

材料施工工艺

✍ 砂岩湿铺地面施工工艺

◎ 湿铺法操作简单，且价格较低，适合用于对厚度有要求的位置。

◎ 勾缝处理时先根据石材的颜色，勾兑填缝剂，调制出相近的样色，再加入硬化剂，以便后续的施工。

◎ 研磨石材接缝处时要先使用砂轮机粗磨三遍，直至将石材的亮面完全磨平。然后使用钻石研磨机对石材的缝隙处进行细磨，直至石材表面的缝隙完全消失。

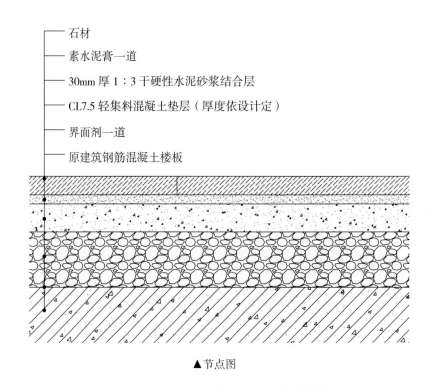

石材
素水泥膏一道
30mm 厚 1：3 干硬性水泥砂浆结合层
CL7.5 轻集料混凝土垫层（厚度依设计定）
界面剂一道
原建筑钢筋混凝土楼板

▲ 节点图

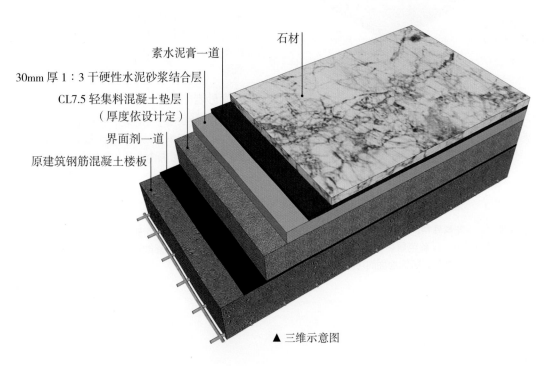

石材
素水泥膏一道
30mm 厚 1：3 干硬性水泥砂浆结合层
CL7.5 轻集料混凝土垫层
（厚度依设计定）
界面剂一道
原建筑钢筋混凝土楼板

▲ 三维示意图

砂岩粗糙的质感会给人比较放松、随性的感觉，砂岩本身的色彩较为低调，搭配白色墙面也能有简约的感觉。砂岩的铺装和其他石材没有太多区别，但是在形成的效果上更有天然感。

▲实景效果图

案例中封闭的私人出租办公室由金属框架以及固定或滑动的玻璃板组成，整体呈独特的深紫红色，主要体现在金属框架与地毯上。裸露的砖墙、砂岩地砖以及倾泻到走廊地面上的阳光，营造出宛如室外庭院的空间氛围，缓解工作时的压力。

▲实景效果图

✍️ 砂岩与地砖衔接

◎ 石材与地砖根据不同的纹样，有着不同的装饰效果，两者相接可以产生多种装饰效果。

◎ 瓷砖的切边是影响效果的一个关键因素，只有切割平整，粘贴时才能够完全黏合，不会造成墙面不平整的状况。另外，每块砖之间宜留下至少 1mm 的缝隙，为砖体的热胀冷缩留出一定的余地，这样即使发生地震，也不容易使砖体碎裂。

◎ 石材与地砖相接一般用于做地面拼花，拼花的形式通常被用于客厅、走廊这类较为开放的家居空间中，商业空间中则更是会经常使用这种形式。

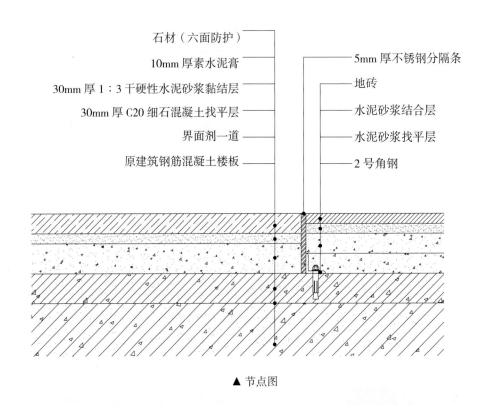

石材（六面防护）
10mm 厚素水泥膏
30mm 厚 1∶3 干硬性水泥砂浆黏结层
30mm 厚 C20 细石混凝土找平层
界面剂一道
原建筑钢筋混凝土楼板

5mm 厚不锈钢分隔条
地砖
水泥砂浆结合层
水泥砂浆找平层
2 号角钢

▲ 节点图

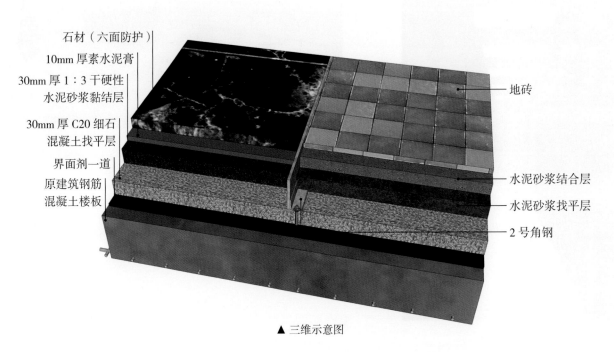

石材（六面防护）
10mm 厚素水泥膏
30mm 厚 1∶3 干硬性水泥砂浆黏结层
30mm 厚 C20 细石混凝土找平层
界面剂一道
原建筑钢筋混凝土楼板

地砖

水泥砂浆结合层
水泥砂浆找平层
2 号角钢

▲ 三维示意图

方案

　　案例中，5cm×5cm 白色瓷砖与砂岩材料的对比从地板延伸至墙面。镜面和天花板上的金属框架模糊了空间的边界感，让思维不再受限。

▲实景效果图

人造石

　　人造石是人工制造的一体式石材，通常将人造石实体面材、人造石英石、人造岗石称为人造石。人造石类型不同，其成分也不尽相同，它主要应用于建筑装饰行业，相比天然石材等传统建材，人造石不但功能多样，而且颜色丰富，应用范围也更加广泛。

人造石的优点

☑ 色彩、图案丰富

　　由于人造石容易加工，所以颜色、图案的选择相对较多，有纯色，也有麻色。

☑ 加工制作方便

　　人造石可以像硬木一样加工，凡是木工用的工具和机械设备都可以用于人造石的制作加工，可粘接、可弯曲、可加工成各种形状。

人造石的缺点

☑ 不适合用于户外

　　人造石不适合用于户外，雨水和阳光的照射会侵蚀建材的表面，使其变色、变脆弱。

☑ 施工需要注意粘贴方式

　　人造石吸水率低、热膨胀系数大，表面光滑，难以粘贴，采用传统水泥砂浆粘贴时若处理不当，容易出现水斑、变色等问题。

人造石与天然石的区别

人造石

纹理特征：纹理相对单调，缺乏天然感

物理性能：更耐磨、耐酸、耐高温，抗冲、抗压、抗折、抗渗透等功能也很强。表面没有孔隙，油污、水渍不易渗入其中，抗污力强

应　　用：广泛应用于台面、地面和异形空间

天然石

纹理特征：纹理非常自然、独特，而且绝不会出现重复

物理性能：质地坚硬，防刮伤性能好，耐磨性能尚佳，但有孔隙，易积存油垢，且脆性大。虽然坚硬，但弹性不足，如遇重击会发生裂缝，很难修补

应　　用：可以用于室内外墙面、地面

人造石的材料分类

按使用材料分类

按纹理分类

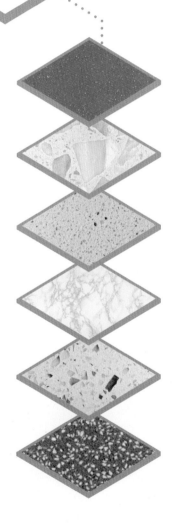

纯亚克力人造石

亚克力（聚甲基丙烯酸甲酯）的成分占 40%，其他成分为氢氧化铝、颜料等。具有老化慢、色彩亮丽、不变黄、不易裂、耐热、耐碰撞等优点，但价格高，代表产品为杜邦可丽耐

树脂板人造石

市场上大部分的人造石均属于此类，分为标准树脂板和非标准树脂板两类，前者原料为不饱和聚酯树脂、氢氧化铝及颜料；后者原料为不饱和树脂、钙粉或其他石粉及颜料

复合亚克力人造石

特性介于树脂板和亚克力之间的复合亚克力人造石，与树脂板人造石相比，光洁度更高，手感更好，价格适中

人造大理石

表面纹理和质感仿造天然大理石制造，分为聚酯型和非聚酯型两类。聚酯型的原料为不饱和聚酯树脂、石英砂、碎大理石和方解石等；非聚酯型指以水泥作为黏结剂或采用其他方式制造的人造大理石

人造石英石

是由天然石英或花岗岩混合高性能树脂和特质颜料制成的全新的人造石产品，表面如花岗岩一般坚硬，纹理丰富，抗污性能极强，但价格较高

人造水磨石

是将碎石、玻璃、石英石等骨料掺入水泥黏结料制成的混凝土制品，尺寸多样，具有现浇水磨石的效果和质感，但款式更多、施工更便捷，除可装饰地面外还可装饰墙面

颗粒纹理

纹理以各种类型的颗粒状为主，包含极细颗粒、细颗粒、中等颗粒、大颗粒和天然颗粒等类型，使用率很高

仿大理石纹理

纹理仿照天然大理石制成，无辐射、质轻、施工简单，但纹理规律性较强，与天然石材相比较为呆板

素色

纯色系的人造石，没有颗粒物质和纹理，白色的款式使用较多，主要用于制作台面

材料施工工艺

✍ 人造石与木地板衔接

◎ 人造石的耐磨性比较好，但是美观性一般，相比木地板的温润感，人造石更多的是呈现石材的光泽感和冷硬感，这样一明一暗、一冷一暖地衔接，可以营造出独特的氛围。

◎ 石材与木地板之间通过收边条相连接，收边条能更加明确两种材质之间的分割，空间的分割感也更强。

◎ 木地板应图案清晰、颜色一致，板面无翘曲。面层的接头位置应错开，缝隙严密、表面洁净。

◎ 石材与木地板都是十分常见的材料，两者相接的形式适用于大部分空间中，但是卫浴间、厨房等对防潮要求较高的位置很少使用。

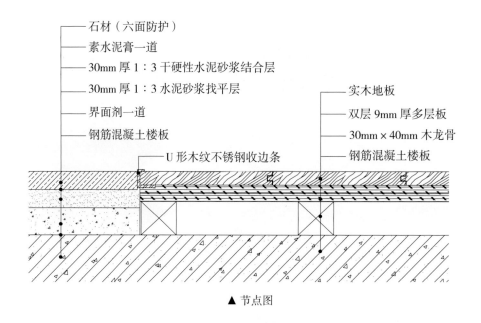

▲ 节点图

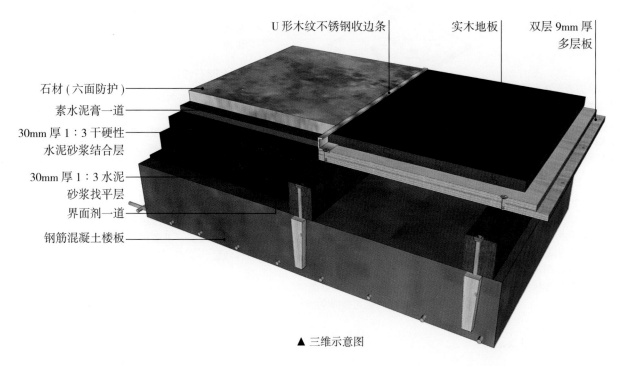

▲ 三维示意图

方案一

　　案例中是开放式的办公空间，地面通铺人造石材的地砖，耐磨耐脏，非常适合人流量大的空间。休闲区域则是用木地板单独铺装，这样无形中也能有分区的作用，对于使用者而言，一看就知道区域的功能。

▲实景效果图

方案二

　　案例中的地面使用了两种不同的材料，瓷砖和地板。通过铺装不同的地面材料达到区域划分的作用，可以从视觉上让整个空间既相互联系又互相区分。地板选择了黑色，与墙面木饰面的颜色呼应，在视觉上使墙面和地面有了延伸。白色的地砖与黑色的地板搭配，符合空间简约的氛围。

▲实景效果图

✒ 人造石与水磨石衔接

◎ 人造石与水磨石衔接，既可以让空间有变化感，又不会打破整体感。

◎ 水磨石的强度逼近花岗岩，用在人流较多的地方非常适合。

◎ 石材与水磨石间的连接用金属嵌条来完成，通常采用黄铜或者其他与石材或者水磨石色彩相搭配的金属。

◎ 应从里向外逐步挂线进行铺贴，水磨石缝隙应不大于 2mm。

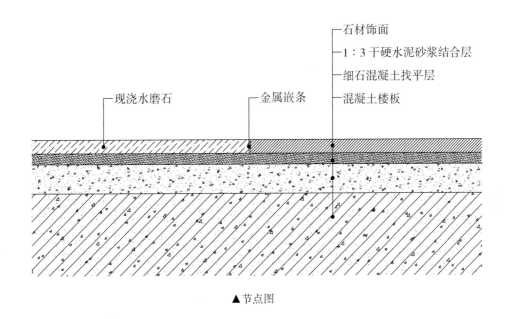

石材饰面
1：3干硬水泥砂浆结合层
细石混凝土找平层
混凝土楼板
现浇水磨石
金属嵌条

▲节点图

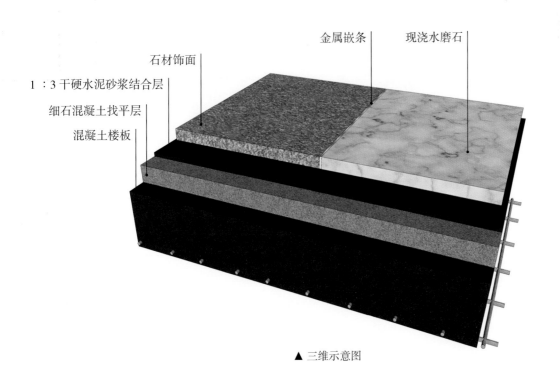

金属嵌条   现浇水磨石
石材饰面
1：3干硬水泥砂浆结合层
细石混凝土找平层
混凝土楼板

▲三维示意图

方案

　　案例中为室内图书馆的地面，可以看到，对于图书馆这类人流量较大的场所来说，水磨石施工简单，耐磨性也强，同时还具有一定的装饰性，十分适合。再在局部区域使用石材，让空间更具变化，不会过于单调。

▲ 实景效果图

第二章 瓷砖

　　瓷砖是室内使用频率很高的一种耐酸碱的瓷质或石质装饰建材。它是装饰行业中的基础装饰建材之一，实用性强，款式和花色众多，为设计者提供了广阔的可选择性。目前市面上的大部分瓷砖，是以黏土、长石、石英砂等耐火的金属氧化物及半金属氧化物为制作材料。但随着科技的不断发展，所使用的制作材料局限性越来越小，逐渐扩大到硅酸盐和非氧化物的范围，并出现了很多新的制作工艺，使瓷砖的使用出现了更多的可能性。

　　瓷砖的种类越来越多，装饰市场中，最多的产品是墙地砖。虽然名字称为墙地砖，但可以将其用在柱子、台面、垭口等部位。设计时，可以充分发挥想象力，为室内空间增添个性。

瓷砖基础知识

目前，国内建筑中所用的瓷砖按功能分为内墙砖、外墙砖和地砖；按材质分为瓷质砖、炻质砖和陶瓷砖；按工艺方法分为釉面砖、通体砖、抛光砖、玻化砖和马赛克。

瓷砖常见分类

通体砖

特点：表面不施
装饰效果
香古色、
雅别致、
朴自然
用途：墙壁、柱
埡口及地

瓷质砖
（吸水率
≤ 0.5%）

特点：有天然石材
的质感、高
光性、高硬
度、高耐
磨、高抗污
性，吸水率
低，色差少

用途：墙壁、柱
面、埡口及
地面等

陶质砖
（吸水率＞
10%）

特点：质感细腻、
规格多样，
具良好的
装饰效果，
色差少

用途：墙壁、柱
面及埡口

炻质砖

特点：吸水率适
中，铺贴层
与砖的黏附
力更强

用途：墙壁、柱
面、埡口及
地面等

地砖

特点：质坚、耐压
耐磨，能防
潮，具有装
饰作用

用途：地面

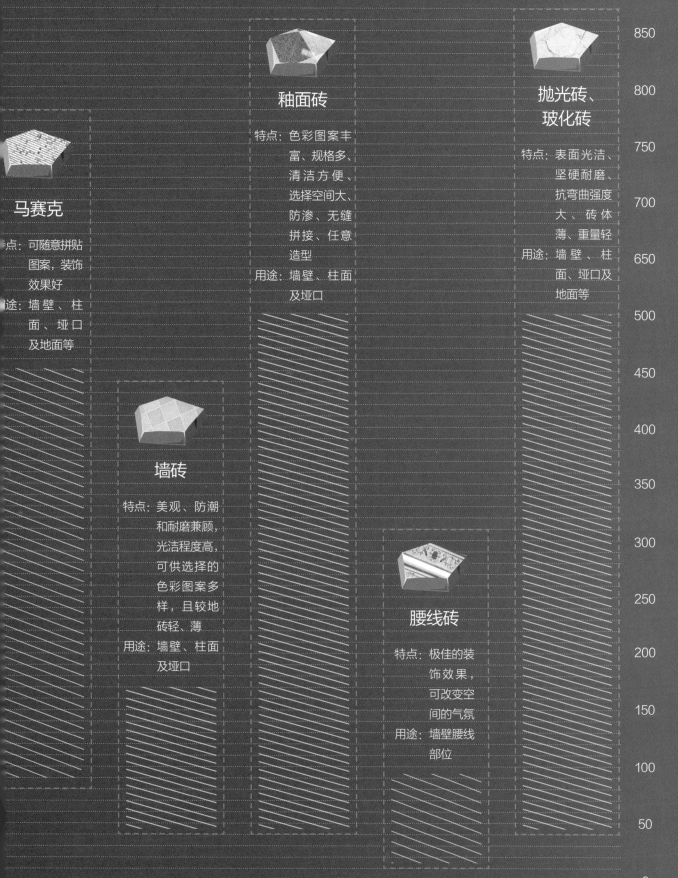

价格 / (元 / m²)

850

800

750

700

650

500

450

400

350

300

250

200

150

100

50

0

釉面砖

特点：色彩图案丰富、规格多、清洁方便、选择空间大、防渗、无缝拼接、任意造型
用途：墙壁、柱面及垭口

抛光砖、玻化砖

特点：表面光洁、坚硬耐磨、抗弯曲强度大、砖体薄、重量轻
用途：墙壁、柱面、垭口及地面等

马赛克

点：可随意拼贴图案，装饰效果好
途：墙壁、柱面、垭口及地面等

墙砖

特点：美观、防潮和耐磨兼顾，光洁程度高，可供选择的色彩图案多样，且较地砖轻、薄
用途：墙壁、柱面及垭口

腰线砖

特点：极佳的装饰效果，可改变空间的气氛
用途：墙壁腰线部位

瓷砖设计搭配

拼花铺贴更具高级感

除了简单地铺装瓷砖外，如果想要追求更高级、更华丽的效果，可以将瓷砖进行拼花式的铺贴，装饰效果会更贴近石材。可以简单地选择小方块或长条形的石材，插入瓷砖中，也可以将瓷砖与地板等其他地材进行拼花。

①
——
②

① 整个餐厅的氛围是活跃的、俏皮的，这其中少不了各种颜色瓷砖拼贴的效果。无论是在踢脚线的位置，还是在地面上，或是在柱子上，不同色彩的瓷砖共同塑造了丰富的感官效果

② 相同尺寸但不同色彩的瓷砖进行铺贴，似乎在地面铺上了一层彩色的地毯，吸引人的注意力，这样的拼花设计将空间打造得富有生气

可增加空间的开阔感

　　瓷砖中类似玻化砖、抛光砖等都具有极强的光泽感，对于一些采光不佳或面积小的空间或是想营造明亮氛围的空间，则很适合使用此类的瓷砖铺设地面。通过阳光的反射，瓷砖可以提升空间的整体亮度，使空间显得更加开阔。

室内空间虽然比较宽敞，但为配合整体高雅、纯净的氛围，地面使用了白色的瓷砖，偏小的尺寸更有优雅、浪漫的感觉，这与拱形的梁柱呼应。白色的瓷砖让空间看上去更加明亮，减少了狭长的感觉

瓷砖施工工艺与构造

    常见的瓷砖安装方式分为干铺、湿铺和干挂。干铺仅能用于瓷砖的地面铺装，而湿铺可以用在墙面或地面，干挂只能用在墙面铺装上。

干铺

一般是使用 1:3 的干性水泥砂浆

适用范围：主要用于地面

瓷砖通用做法

湿铺

直接将水泥抹在瓷砖后面进行铺贴

适用范围：可用于墙面和地面

干挂

先捆扎或钩挂再灌胶

适用范围：一般用于墙面

干铺法

　　干铺法就是把基层浇水湿润，再将基层的浮砂和杂物清理干净，然后抹结合层，最后，将干性水泥砂浆按照 1∶3 的比例搅拌均匀后平铺在地面上，把砖放在砂浆上用橡胶锤振实，取下地面砖浇抹水泥浆，再把地面砖放实振平。

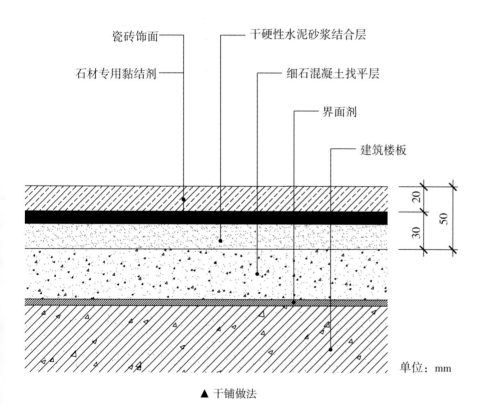

瓷砖饰面　　　　干硬性水泥砂浆结合层

石材专用黏结剂　　　细石混凝土找平层

界面剂

建筑楼板

单位：mm

▲ 干铺做法

做 法

将基层彻底打扫干净，然后铺 1∶4 的半干砂浆做垫层和 1∶3 的砂浆做黏合层，铺贴时要用橡胶锤均匀敲击

优 点

有效避免空鼓现象

缺 点

比较费工，技术含量高，费用也较高

注意事项

该种做法比较适合尺寸较大的瓷砖，且仅在地面上适用

湿铺法

瓷砖湿铺法,是在把基层清理干净后将水泥砂浆抹在瓷砖后面进行铺贴。

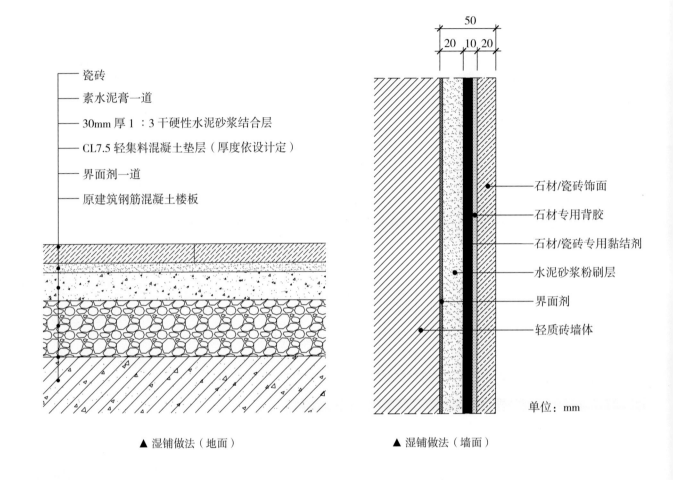

瓷砖
素水泥膏一道
30mm 厚 1 : 3 干硬性水泥砂浆结合层
CL7.5 轻集料混凝土垫层(厚度依设计定)
界面剂一道
原建筑钢筋混凝土楼板

50
20 10 20

石材/瓷砖饰面
石材专用背胶
石材/瓷砖专用黏结剂
水泥砂浆粉刷层
界面剂
轻质砖墙体

单位:mm

▲ 湿铺做法(地面)　　　　　　　　▲ 湿铺做法(墙面)

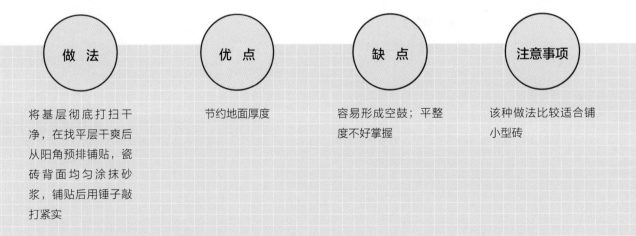

做 法

将基层彻底打扫干净,在找平层干爽后从阳角预排铺贴,瓷砖背面均匀涂抹砂浆,铺贴后用锤子敲打紧实

优 点

节约地面厚度

缺 点

容易形成空鼓;平整度不好掌握

注意事项

该种做法比较适合铺小型砖

干挂法

　　在墙面打孔之后，打入膨胀螺栓并用角钢固定，固定后焊接钢架，同时用锤子将焊渣敲掉，涂上防锈漆。因为瓷砖厚度一般较薄，所以干挂时需要用云石胶在背后粘上几小块瓷砖，增加厚度之后，用角钢将瓷砖连接到钢架上，连接后塞入木楔控制整体的平整度。

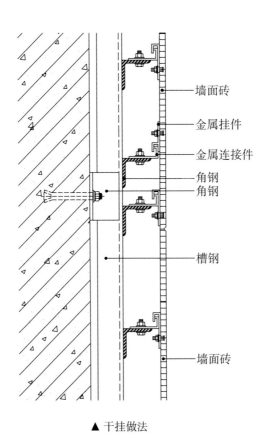

墙面砖
金属挂件
金属连接件
角钢
角钢
槽钢
墙面砖

▲ 干挂做法

做　法

在墙面焊接钢架，用膨胀螺栓将瓷砖连接到钢架上

优　点

无需用水；相对而言比较牢固

缺　点

施工慢，至少需要两个人合作完成

注意事项

该种做法适用于空间高度超高时（3.5m）

玻化砖

在陶瓷术语中并无玻化砖的说法，玻化砖可以约等于瓷质砖，比吸水率高的半瓷砖（炻质砖）、陶质砖更硬，更耐磨。玻化砖是商家为了与最早的耐磨砖做区分产生的叫法，是指砖体经高温烧成后呈现玻化效果的瓷砖，玻化砖的出现是为了解决抛光砖易脏的问题，又称为全瓷砖，市面上常说它是抛光砖的升级版。吸水率低于 0.5% 的抛光砖属于玻化砖，高于 0.5% 则属于抛光砖。

玻化砖的优点

☑ 性能更稳定

玻化砖表面光洁且不需要抛光，不存在抛光气孔的问题。所以质地更硬、更耐磨，长久使用也不容易出现表面破损，性能稳定。

☑ 色彩丰富，少有色差

玻化砖色彩艳丽柔和，没有显著色差，不同色彩的粉料自由融合，自然呈现丰富的色彩层次。

玻化砖的缺点

☑ 抗污力较差

玻化砖的表面有细孔，所以抗污能力较差，如果不小心沾染有色的物质，会被"吃"进去。

☑ 纹理、风格比较单一

由于是人工产品，与天然产品相比色泽、纹理较单一，且表面光滑，不够防滑。由于其吸水率过低，做墙砖时，容易出现空鼓及脱落现象。

玻化砖与抛光砖的区别

玻化砖

抛光处理：不需要

吸 水 率：低于 0.5%

施工注意：施工前不需要泡水

区　　别：从侧面看，坯体颜色更接近釉面

抛光砖

抛光处理：需要

吸 水 率：高于 0.5%

施工注意：施工前需要泡水

区　　别：从侧面看，第一层是釉面，第二层是原坯体的颜色

注：因为玻化砖与抛光砖很类似，故在此进行比较。

玻化砖的材料分类

按纹理分类

按工艺分类

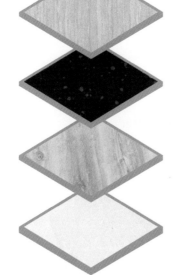

仿大理石纹理

纹理仿照天然大理石制成，具有一定的变化，但不如天然石材丰富，可代替大理石使用

仿玉石纹理

纹理仿照天然玉石制成，是玉石很好的代替品，但比玉石价格低很多，可装饰背景墙

仿洞石纹理

纹理以横向为主，具有洞石的层叠感，但没有洞石孔洞的部分，是非常具有文雅感的一个款式

渗花砖

是基础型的产品，工艺简单、性能较普通，光泽度中等偏上。毛细孔大，不适合用于厨房等油烟大的地方

仿花岗岩纹理

纹理仿照天然花岗岩制成，以点状为主，但比天然花岗岩的立体感弱

多管布料砖

生产工艺比较特殊，性能和光泽度强于渗花砖。纹路自然，但不同砖之间纹路差别小，色差小

仿木纹纹理

仿照天然木材的各种纹理制成，效果类似实木饰面板，但表面具有很强的光泽感

纯色砖

面层没有任何纹理的一类纯色玻化砖，如白色、米黄色等，适合小面积空间使用

超微粉砖

纹理细腻，通透性和立体感强，花纹分布不规则。吸水率低，防渗透的能力强，耐磨，耐划，性能稳定，质地坚硬，光泽感很强

材料施工工艺

✍ 玻化砖与门槛石、石材衔接

◎ 玻化砖带有光泽的表面能够提升空间的亮度，非常适合具有现代感的空间使用。

◎ 门槛石通常出现在两个房间的交界处，根据不同材料的相接，其做法也不相同。带防水的做法通常被用于厨房、卫生间及阳台与其他空间的连接处。

◎ 若是有地漏的房间倒坡，必须要找标高，弹线时找好坡度，抹灰饼和标筋时，抹出泛水。

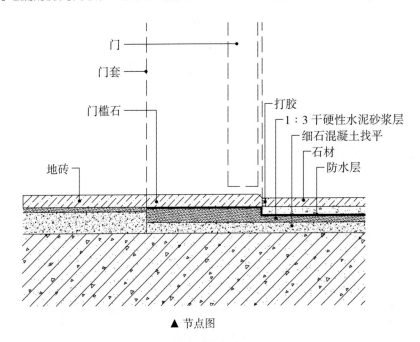

门
门套
门槛石
打胶
1：3干硬性水泥砂浆层
细石混凝土找平
石材
防水层
地砖

▲ 节点图

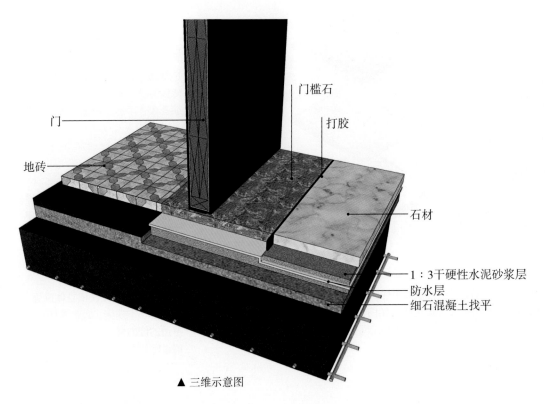

门槛石
打胶
门
地砖
石材
1：3干硬性水泥砂浆层
防水层
细石混凝土找平

▲ 三维示意图

方案

　　案例中餐厅与过道地面分别使用了石材和玻化砖材料，两者都有不错的光泽度。漆中像镜面一样的玻化砖，提升了餐厅的亮度，并丰富了光影变化。在交界处用门槛石做了分隔，因为两个空间都不涉及用水，所以不做防水也可以。

▲ 实景效果图

✒ 玻化砖与不锈钢衔接

◎ 不锈钢嵌条与玻化砖的搭配对于追求现代风格的居室而言，是非常不错的选择。既可以提升空间亮度，又可以增添现代感。

◎ 地砖之间的连接用金属嵌条来完成，通常采用黄铜或者其他与地砖色彩相搭配的金属。

◎ 可以用云石胶点固或者 AB 胶来安装 1.5mm 厚的拉丝不锈钢嵌条。

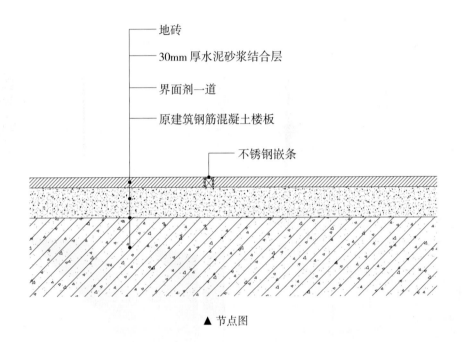

地砖
30mm 厚水泥砂浆结合层
界面剂一道
原建筑钢筋混凝土楼板
不锈钢嵌条

▲ 节点图

30mm 厚水泥砂浆结合层
界面剂一道
原建筑钢筋混凝土楼板
地砖
不锈钢嵌条

▲ 三维示意图

方案

　　案例中不锈钢嵌条将地砖根据屏风的分隔方式，分为不同的大小，让地面与其产生呼应，加强装饰效果。

▶ 实景效果图

釉面砖

　　釉面砖是砖的表面施釉后经过高温高压烧制处理的瓷砖，是由土坯和表面的釉面两个部分构成的。主体又分陶土和瓷土两种，陶土烧制出来的釉面砖背面呈红色，瓷土烧制出来的釉面砖背面呈灰白色。釉面砖表面可以做各种图案和花纹，比抛光砖的色彩和图案丰富，因为表面是釉料，所以耐磨性不如抛光砖。

釉面砖的优点

☑ 防渗透、耐脏

　　相对于玻化砖，釉面砖最大的优点是防渗、耐脏，大部分釉面砖的防滑度都非常好，而且釉面砖表面还可以烧制各种花纹图案，风格比较多样。

☑ 韧性好、耐冷耐热

　　釉面砖采用无缝拼接，可任意造型，韧度非常好，基本上不会发生断裂等现象。耐急冷急热。釉面砖承受温度急剧变化而不会出现裂纹。

釉面砖的缺点

☑ 耐磨性不如抛光砖

　　表面是釉料，所以耐磨性不如抛光砖，同时它怕酸、怕水、怕污渍。在烧制的过程中经常能看到有针孔、裂纹、弯曲、色差，釉面有水波纹斑点等。

☑ 吸水率高，容易渗入液体

　　吸水率为 10%。吸水率高导致容易渗入液体，有的甚至在贴砖的时候，能够将水泥的脏水从背面吸进来，进入釉面，釉面和坯体之间容易开裂，不好的砖使用一段时间后边角处的表面会脱落。

陶制釉面砖与瓷制釉面砖的区别

陶制釉面砖

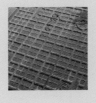

吸水率：较高

强　度：相对较低

主要特征：背面颜色为红色

瓷制釉面砖

吸水率：较低

强　度：相对较高

主要特征：背面颜色为灰白色

陶质釉面砖

由陶土烧制而成的一类釉面砖，其主要特征是背面为红色。吸水率较高，强度相对较低，但并非绝对，有些陶质釉面砖的吸水率和强度比瓷质釉面砖好

瓷质釉面砖

由瓷土烧制而成的一类釉面砖，其主要特征是背面为白色。相对来说吸水率较低、强度较高

亮光釉面砖

釉面光洁干净，光的反射性好，可营造"干净""宽敞"的效果，适合小空间或厨房

亚光釉面砖

釉面光洁度差，对光的反射效果差，但不易有光污染问题，具有柔和、舒适的感觉，适合营造"时尚"的效果

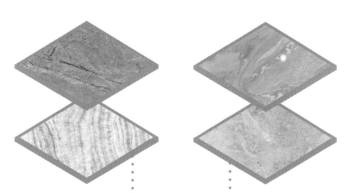

按原料分类

按光泽度分类

釉面砖的材料分类

按形状分类

按表面纹理分类

正方形

较常见的尺寸有100mm×100mm、152mm×152mm、200mm×200mm、300mm×300mm等类型

长方形

较常见的尺寸有152mm×200mm、200mm×300mm、250mm×330mm、300mm×450mm、300mm×600mm等类型

异形砖

非规整尺寸的一类釉面砖，如六角形砖或不规则形状的配件砖等

素色砖

没有任何花纹，白色或彩色的一类釉面砖，可以单独一色铺贴，也可以混色铺贴，还可以与花砖组合铺贴

花砖

纹理非常多样，丰富性超过抛光砖，选择范围广，小面积时可单独使用，若大面积施工更建议与素色砖组合

材料施工工艺

✍ 釉面砖与木地板衔接

◎ 瓷砖常给人干净的印象，木地板则给人沉稳的感觉，将氛围完全不同的两种材料搭配起来，反而能体现不同区域的功能特点，视觉上也能让地面层次变得丰富起来。

◎ 不锈钢嵌条作为砖材与其他材质交接处的过渡带。

◎ 不锈钢嵌条覆盖了一部分地砖，同时也覆盖了一部分木地板，让两者都更加稳固，不容易翘起。

◎ 嵌条是在规定的位置安装配置，其高度比磨平施工面高出 2~3mm。

◎ 超长嵌条分段加固平接安装，连接处嵌条背面需点焊连接，确保表面拼接美观后整体安装。

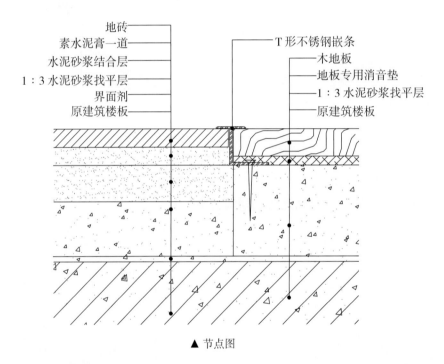

▲ 节点图

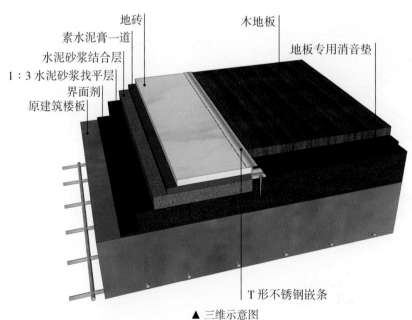

▲ 三维示意图

方案

　　案例中开放式的"方形盒子"位于房屋的中心，既有隔断的作用，又能作为卫生间使用。包括厨房在内，都使用了小白砖铺贴，从地面延伸至墙面，不仅防水、耐磨、好清理，而且地砖和木地板具有从视觉上分割空间，明确区块的功能。

▲ 实景效果图

微晶石

　　微晶石在行业内称为微晶玻璃复合板材，是将一层 3~5mm 的微晶玻璃复合在陶瓷玻化石的表面，经二次烧结后完全融为一体的高科技产品。微晶玻璃集中了玻璃与晶体材料（包括陶瓷材料）两者的特点，热膨胀系数很小，也具有硬度高、耐磨的力学性能。

微晶石的优点

☑ 性能优于天然石材

　　微晶石具有很高的硬度和强度，并且不含任何放射性元素。不会褪色，且色泽鲜艳。

☑ 耐酸碱、耐候性强

　　微晶石耐酸碱性、抗腐蚀性能都强于天然石材，经受长期风吹日晒也不会褪光，更不会降低强度。吸水率极低，多种污秽浆泥、染色溶液不易侵入渗透。

☑ 能够制成异形板材

　　可用加热方法将微晶石制成各种弧形、曲面板，具有工艺简单、成本低的优点，避免了弧形石材加工耗时、耗材的弊端。

微晶石的缺点

☑ 硬度较差，易有划痕

　　微晶石表面莫氏硬度为 5~6 级，强度低于抛光砖，铺在地面很容易被刮花，不耐磨损。

☑ 易脏，表面容易渗入污渍

　　微晶石表面有一定数量的针孔，如果铺装在地面上，污渍很容易渗入，并且不好清理。

微晶石与天然石材的区别

微晶石

结构组成：玻璃相和结晶相
表面效果：表面有针状结晶花纹，同时呈现出光亮的表面
色　　差：没有
环　　保：没有辐射

天然石材

结构组成：碳酸盐岩类
表面效果：表面纹理都是天然形成的，独一无二，但光亮度不如微晶石
色　　差：有
环　　保：可能存在辐射问题

注：微晶石是人工合成的材料，虽然名字叫微晶石，但它和石材没有关系，因为容易混淆，所以在此进行比较。

微晶石的材料分类

按表面纹理分类

按原料及制作工艺分类

纯色

即无孔微晶石，也叫作人造汉白玉。单层结构，为单一纯白色，表面没有任何纹理，家居装修中较少使用，多用在公共场所中

斑点纹理

纹理以斑点状为主，类似花岗岩，多为通体微晶石，纹理具有若隐若现的感觉

仿石材纹理

属于复合微晶石，为仿照石材制作的一类产品，如大理石、拼合的片岩、天然岩石等多种天然石材

仿玉石纹理

属于复合微晶石，纹理仿照天然玉石、大理石制作，既有玉石的纹理和玻璃的光泽感，又比玉石价格低

其他纹理

属于复合微晶石，纹理范围较广，是属于较为独特的一类产品，如仿水波纹理、宝石纹理、木纹理等

无孔微晶石

通体无气孔、无杂斑点、光泽度高，吸水率为零，可打磨翻新。适用于墙面、地面、圆柱、洗手盆、台面等

通体微晶石

亦称微晶玻璃，不吸水、不腐蚀、不氧化、不褪色、不变形、强度高，无色差、光泽度高，无法翻新打磨

复合微晶石

结合了玻化砖和微晶玻璃板材的优点，色泽自然、晶莹通透、永不褪色，表面如有破损，无法翻新打磨

材料施工工艺

✍ 微晶石与不锈钢衔接

◎ 微晶玻璃华贵典雅，立体感强，色泽丰富，装饰美感，对于追求高亮度、光泽度的空间而言，表现效果非常突出。

◎ 墙砖边缘与不锈钢衔接，不锈钢耐高温、低温的特性可以保护瓷砖，使墙面耐久性增强，室内住宅的玄关、客厅常使用此种衔接方式。

◎ 墙砖在施工前需进行验收，检查材料的型号规格是否正确。若墙砖颜色明显不一致，则退还厂家；对于有裂纹、缺棱角的墙砖，需修理后才能投入施工使用，缺陷过于严重的，则需弃用。

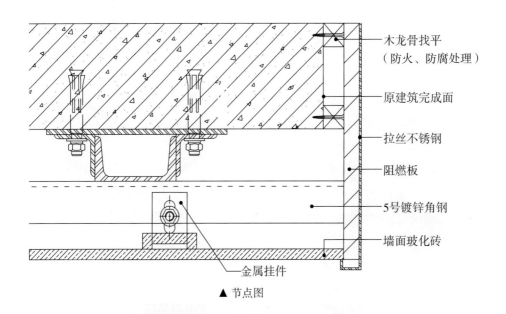

▲ 节点图

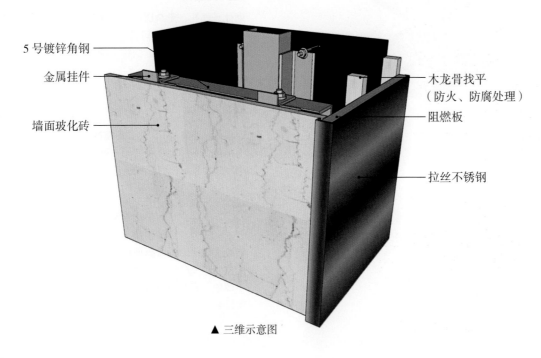

▲ 三维示意图

方案　　案例中用淡蓝色的微晶石装饰背景墙，形成一种平和的氛围。微晶石的纹理看上去自然、生动，营造出比较活跃、不死板的感觉，整个餐厅的氛围既有简洁的现代感，又能保证精致的感觉。

▲ 实景效果图

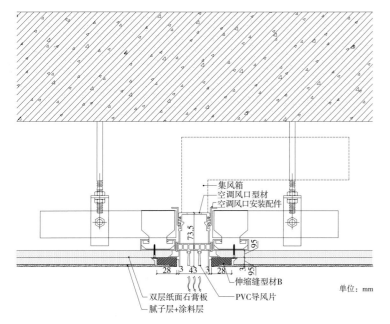

▲ 节点图

（图中标注）集风箱／空调风口型材／空调风口安装配件／73.5／95／95／28　3　43　3　28／伸缩缝型材B／双层纸面石膏板／PVC导风片／腻子层+涂料层／单位：mm

材料收口

乳胶漆吊顶与空调风口

① 用材：轻钢主、副龙骨；纸面石膏板；镀锌方管。

② 施工工艺：轻钢主、副龙骨基层制作→9.5mm 或 12mm 厚纸面石膏板，用自攻螺钉与龙骨固定→安装 20mm×40mm 镀锌方管对风口加固→满刷氯偏乳液或乳化光油防潮涂料 2 道→满刮 2mm 厚面层耐水腻子→用自攻螺钉将风口固定于方管上。

仿古砖

仿古砖实质上是上釉的瓷质砖，通过样式、颜色、图案，营造出怀旧的氛围。仿古砖是从彩釉砖演化而来的，与普通的釉面砖相比，其差别主要表现在釉料的色彩上面，仿古砖属于普通瓷砖，与瓷片基本是相同的。所谓仿古，指的是砖的效果，应该叫仿古效果的瓷砖，其实并不难清洁。

仿古砖的优点

☑ 品种多、花色多

仿古砖品种、花色较多，规格齐全，而且还有适合厨卫等区域使用的小规格砖，可以说是抛光砖和瓷片的合体。仿古砖中有皮纹、岩石、木纹等系列，看上去实物非常相近，可谓是以假乱真。

☑ 耐磨性非常好

仿古砖具有极强的耐磨性，经过精心研制的仿古砖兼具防水、防滑、耐腐蚀的特性，在实际应用中不容易划伤。即使是在人流大、使用频率高的公共场合使用，也毫无问题。

☑ 表面不会变黄

在公共场所中，再好的抛光砖经过 2~3 年的使用，表面都会产生一定程度的变黄，几乎在 5 年左右，都需重新装修和铺贴，但仿古砖几乎没有这样的问题出现。

仿古砖的缺点

☑ 不能随意分割、磨边

仿古砖是采用釉质材料覆盖的瓷砖产品，这层釉质材料无法接受随意的切割、磨边和倒角等处理，这就导致仿古砖在进行个性加工和配件操作的时候不够灵活。

☑ 对施工技术要求相对高

由于仿古砖不易做磨边等处理，容易导致施工时工程量变大，技术不到位的工人很难将仿古砖做出效果。

仿古砖与抛光砖的区别

仿古砖		吸 水 率：0.5%~3%
		表面硬度：≤ 6 级
		耐脏程度：表面没有气孔，更具防污能力
		适用范围：所有空间都可以
抛光砖		吸 水 率：高于 0.5%
		表面硬度：7 级
		耐脏程度：表面有气孔，会藏污纳垢
		适用范围：卫生间、厨房以外的空间

注：抛光砖与仿古砖是装修常用到的瓷砖材料，但两者风格完全不同，故在此进行对比。

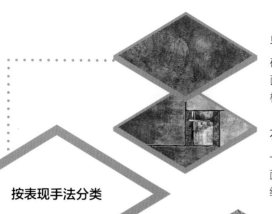

单色砖

砖面以单一颜色为主，单色砖主要用于大面积铺装，能很好地营造出简洁但不失风格特点的装饰效果

花砖

一般花砖图案都是手工彩绘，其表面为釉面，复古中带有时尚之感。花砖多作为点缀用于局部装饰

按表现手法分类

仿古砖的材料分类

按品种分类

按吸水率分类

仿木纹

外形仿照城堡外墙形态和质感制作，有方形和不规则形两种类型，多为棕色、青灰色和黄色

仿石材

仿照岩石片层层堆积的形态和质感制作，石片排列较规则，有灰色、棕色、米白色、米黄色等可选择

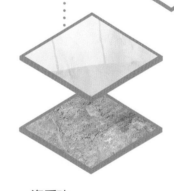

仿金属

仿照不规则形状石片的形态和质感制作，形状不规则，排列无规律，有棕色、灰色、土黄色等可选择

仿植物花草

仿照砖的形态和质感制作，有红砖、黄砖、灰砖、白砖等样式，排列规则、有秩序感

瓷质砖

吸水率 ≤ 0.5% 的一类仿古砖，是仿古砖中的主流产品，具有很强的抗水能力和防滑能力

炻质砖

吸水率高于瓷质砖，范围为0.5%~10% 的一类仿古砖，仿古砖中的非主流产品

材料施工工艺

✍ 仿古砖与木地板衔接

◎ 仿古砖仿造过去的样式特意做成陈旧效果，带着岁月的沧桑、历史的厚重感；木地板也常给人温和、沉稳的感觉。

◎ 两种材料虽然材质和手感不同，但是传达出来的氛围却是相同的，不仅可以轻松达到分区的效果，而且不会破坏整体感。

◎ 地砖与木地板中间采用专用金属收边条进行固定，可以调节木地板的胀缩，起到衔接和收口的作用。

◎ 在地砖安装完成后，根据地砖的完成面厚度来确定木地板基层的找平厚度。

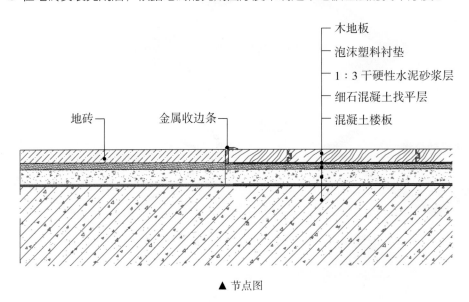

木地板
泡沫塑料衬垫
1：3干硬性水泥砂浆层
细石混凝土找平层
混凝土楼板

地砖　　金属收边条

▲ 节点图

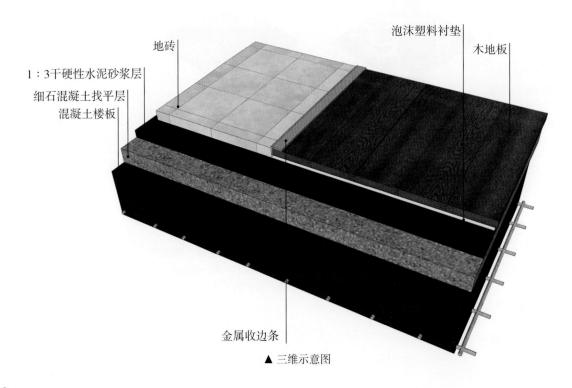

泡沫塑料衬垫
地砖
木地板
1：3干硬性水泥砂浆层
细石混凝土找平层
混凝土楼板

金属收边条

▲ 三维示意图

　　案例中，玄关部分使用的是亚光仿古砖，耐磨防滑，拼花图案让人眼前一亮。客厅则用地板铺装，脚感舒适，氛围柔和。地砖和木地板相接的形式通常出现在家居空间的玄关位置，地砖做换鞋区，有效地将灰尘隔离在外面。

▶ 实景效果图

✏ 仿古砖与地砖、门槛石衔接

◎ 不同颜色和纹理的地砖，或是不同材质的地面材料，都需要用到门槛石。

◎ 两个空间地面高度不同。比如铺了地板和铺了瓷砖的两个空间之间存在高低差，事先没有考虑这个问题，或者说为了节约成本，门槛石做个坡度或者倒角可以解决这个问题。

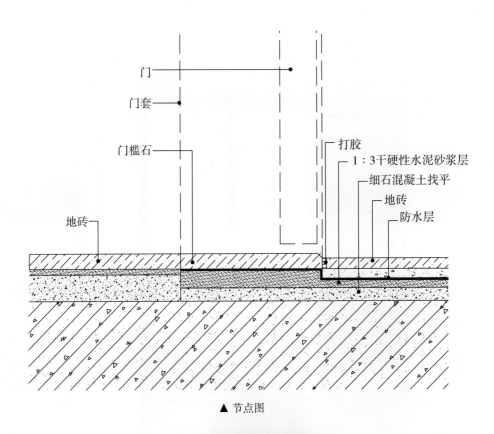

门
门套
门槛石
打胶
1：3干硬性水泥砂浆层
细石混凝土找平
地砖
防水层
地砖

▲ 节点图

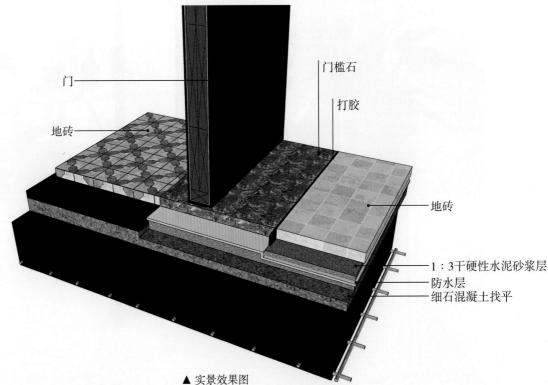

门
门槛石
打胶
地砖
地砖
1：3干硬性水泥砂浆层
防水层
细石混凝土找平

▲ 实景效果图

方案

案例中对于开放式的门洞，其下方用门槛石可以起到分割不同功能空间的作用。门槛石的颜色选择了灰色，从耐脏的角度考虑，是比较实用的选择，一些轻微的划痕在灰色门槛石上面，几乎是难以察觉的。由于过道和厨房的花砖采用的是不同的款式，所以灰色的门槛石可以让复杂的地面有个过渡的作用，也让空间与空间之间独立开来。

▶ 实景效果图

马赛克

马赛克又称锦砖或纸皮砖，是指建筑上用于拼成各种装饰图案的片状小瓷砖。由坯料经半干压成形，在窑内焙烧成锦砖。主要用于铺地或内墙装饰，也可用于外墙饰面。

马赛克的优点

☑ 长时间也不会脱落

马赛克砖体薄，自重轻，密密的缝隙充满砂浆，保证每个小瓷片都牢牢地黏结在砂浆中，因而不易脱落。即使多少年后，少数砖块掉落下来，也不会伤到人。

☑ 很长的使用寿命

马赛克主要的原料多为天然石材，它的耐磨性是瓷砖和木地板等装饰材料无法比拟的。每小块马赛克之间的缝隙较多，因而其抗应力能力要比其他的装饰材料更具优势。

马赛克的缺点

☑ 人工费用高

人工费用比一般的墙砖昂贵，施工难度较大，质量控制不易保证。

☑ 粘贴的胶黏剂不环保

无论马赛克是玻璃还是瓷质的，都是环保的，但镶贴马赛克时使用的胶黏剂则不是环保的，如果使用胶黏剂则肯定有甲醛和苯等有毒气体释放的问题。

马赛克与瓷砖的区别

马赛克

工　艺：砖料半干后压成型，在窑内烧制而成，有时会添加氧化钙和氧化铁作为着色剂

规格尺寸：尺寸比较小，常见 20mm×20mm、25mm×25mm、30mm×30mm

适用范围：适合小面积的装饰使用

瓷砖

工　艺：用黏土、石英砂等混合而成，通过混合、压制之后，在表面施釉、烧结

规格尺寸：尺寸比马赛克大，大小尺寸比较统一

适用范围：更适合大面积铺贴

注：马赛克也属于瓷砖的一种，但它是一种特殊存在方式的砖，故在此将它与其他瓷砖进行对比。

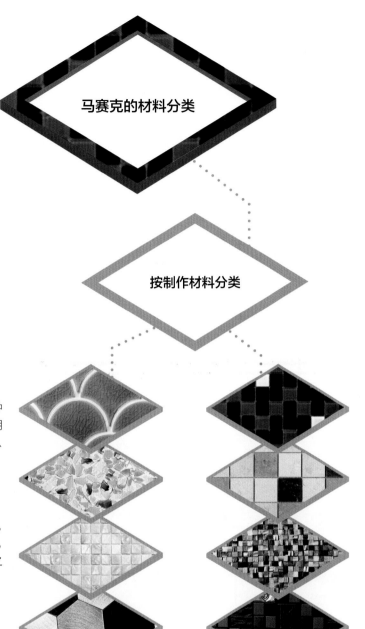

马赛克的材料分类

按制作材料分类

陶瓷马赛克

经久耐用，光线柔和，品种多样、颜色丰富，防水防潮性能优越，易清洗，墙面、地面均可使用

玻璃马赛克

色彩最丰富的马赛克品种，质感晶莹剔透，现代感强，纯度高，给人以轻松愉悦之感，不适合装饰地面

贝壳马赛克

色彩绚丽、带有光泽，每片尺寸较小，吸水率低，抗压性能不强，施工后，表面需磨平处理，不适合装饰地面

金属马赛克

色彩较为低调且相对较少，装饰效果现代、时尚，材料环保、防火、耐磨，地面不建议大面积使用

夜光马赛克

吸收光源能量后，夜晚会散发光芒，可定制图案，效果个性、独特，很适合小面积用于装饰墙面

石材马赛克

以天然石材为原料制成的马赛克，效果天然、纹理多样，防水性较差，抗酸碱腐蚀性能较弱

实木马赛克

以实木或古船木等木质材料制成的马赛克，具有自然、古朴的装饰效果，多为条形或方形，不适合装饰地面

拼合马赛克

由两种或两种以上材料拼接而成，最常见的是玻璃 + 金属，或石材 + 玻璃的款式，质感更丰富

材料施工工艺

✒ 马赛克铺贴地面工艺

◎ 马赛克体积小巧，可以通过拼接制作出各种图案，装饰效果突出。

◎ 马赛克虽然类型比较多，但总体给人的感觉还是偏现代感。

◎ 施工时采用 1：3 的水泥砂浆，平铺 10mm 厚，做防水保护层。

◎ 在涂抹专用胶黏剂的同时，将马赛克表面刷湿，然后用方尺找到基准点，拉好控制线，按顺序进行铺贴。

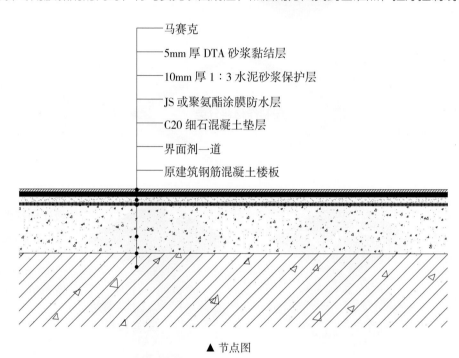

马赛克

5mm 厚 DTA 砂浆黏结层

10mm 厚 1：3 水泥砂浆保护层

JS 或聚氨酯涂膜防水层

C20 细石混凝土垫层

界面剂一道

原建筑钢筋混凝土楼板

▲ 节点图

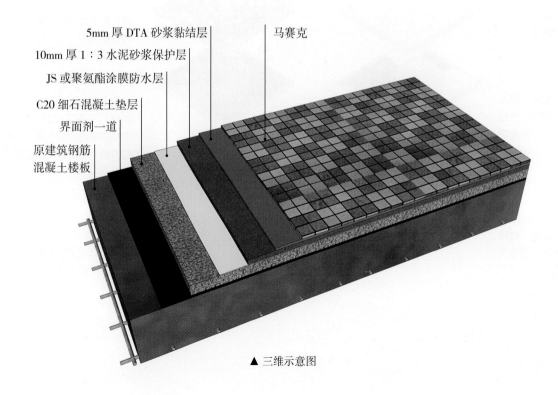

5mm 厚 DTA 砂浆黏结层

10mm 厚 1：3 水泥砂浆保护层

JS 或聚氨酯涂膜防水层

C20 细石混凝土垫层

界面剂一道

原建筑钢筋混凝土楼板

马赛克

▲ 三维示意图

方案一

方案中随着视觉从仰视转为直视，整个空间形态就此转变。井然有序的造型护墙围绕吧台展开，几何画面马赛克大面积序列铺展，和软装陈设一起形成"有形""充实""秩序"的空间状态，与天花板形成反差，"无秩序"和"秩序"形成新的呼应关系，让空间层次更为丰富。

▲ 实景效果图

方案二

　　案例中室内空间被分为两个基本区域：一个是六角形马赛克地砖的修复区（即公共区），这里遍布着丰富的几何图形和颜色；另一个则是以光线和经济性为决定性因素的两居室的生活区。六角形马赛克地砖的修复区，有着丰富的色彩和几何图案，给人非常活跃、生动的感觉。

▲ 实景效果图

✐ 马赛克干挂墙面工艺

◎ 马赛克铺贴到墙上也能有非常出众的效果，拼贴成不同的花色与图案，更能展现出独特的装饰性。

◎ 干挂前需按照设计标高在墙体上弹出 50cm 水平控制线和每层马赛克标高线，并在墙上做控制桩，找出房间及墙面的规矩和方正。

◎ 马赛克镶贴前应预排，预排时要注意同一地面应横竖排列，不得有一行以上的非整石材，非整石材应排在次要部位或阴角处。

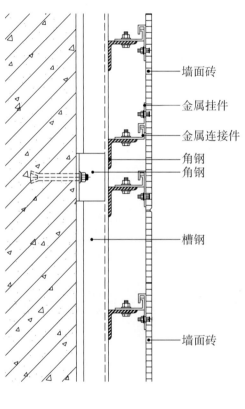

墙面砖

金属挂件

金属连接件

角钢
角钢

槽钢

墙面砖

▲ 节点图

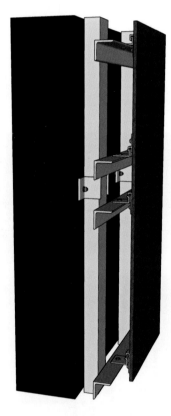

▲ 三维示意图

方案一

　　案例中设计的重点是墙面上的马赛克艺术，以像素主题诠释了DOT这个名字。咖啡厅内的台阶和部分墙面覆盖带有像素艺术元素的白色马赛克。整个空间的地面和墙面、顶面由裸露的砖石和马赛克组成，形成个性又随性的工业感。

▲ 实景效果图

▲ 实景效果图

方案二

　　案例中选用不锈钢钢丝网作为吊顶的
材料，材料的反射会在白天将光线引入室
内，呈现出一个透亮的顶面。另外移窗和
玻璃隔断拓展了视线的纵深感；进门区域
的镜面反射的顶面，削弱了因层高不足带
来的压迫感。黑白马赛克制造出点状墙面，
增加视觉层次。

✍ 马赛克与门槛石、木地板衔接

◎ 马赛克色彩丰富，可以拼贴出任意的图案，对于追求个性和独一性的空间非常适合。

◎ 木地板的温和脚感和百搭的性能，可以与任何风格搭配。

◎ U 形收边条既能调节木地板的膨胀率，也能起到衔接和收口的作用。

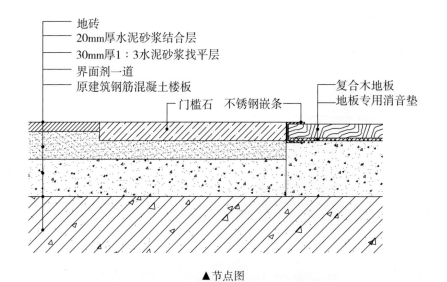

- 地砖
- 20mm厚水泥砂浆结合层
- 30mm厚1：3水泥砂浆找平层
- 界面剂一道
- 原建筑钢筋混凝土楼板
- 门槛石
- 不锈钢嵌条
- 复合木地板
- 地板专用消音垫

▲ 节点图

门槛石

地砖

20mm 厚水泥砂浆结合层

30mm 厚 1：3 水泥砂浆找平层

界面剂一道层

原建筑钢筋混凝土楼板

地板专用消音垫

复合木地板

不锈钢嵌条

▲ 三维示意图

方案

对于住宅而言，铺设木地板也许仅能在不涉及水的空间中实现，对于卫生间和厨房，依旧以瓷砖为主。由于材质的不同，以及实际功能的需求，瓷砖与木地板之间的衔接也就显得很重要了。案例中的做法不带防水结构，更加适用于除了卫生间、厨房和阳台外的空间的相接处。而其他涉及水的空间还是尽量选择带防水结构的做法。

▲ 实景效果图

第三章

玻璃

　　玻璃是以石英砂、纯碱、长石和石灰石等为主要原料，经熔融、成型、冷却、固化而制成的非结晶无机材料。它具有一般材料难以比拟的高透明性，同时还具有优良的力学性能和热工性能。在现代，玻璃已经不再仅是采光材料，其也是现代建筑的一种结构材料和装饰材料。

　　玻璃在建筑中的应用主要体现为两方面：一是在建筑外墙的应用，通常使用量非常大；二是在室内装饰工程中的应用，统称为装饰玻璃，可应用于隔断屏风、玻璃墙面、家具、楼梯、灯具等。

玻璃基础知识

玻璃不仅可以在建筑外墙上使用，而且可以在室内使用，室内使用的玻璃一般称为装饰玻璃，市面上的装饰玻璃可分为三种类型：平板玻璃、艺术玻璃及成型玻璃。

玻璃常见分类

夹层玻璃

分类：夹丝玻璃、夹布玻璃、夹网玻璃、夹绢玻璃等

用途：背景墙、门、隔断、屏风等

印刷玻璃

分类：单面印刷玻璃及双面印刷玻璃

用途：背景墙、门、隔断、屏风、吊顶等

镶嵌玻璃

分类：素色镶嵌玻璃、彩色镶嵌玻璃

用途：门、隔断、屏风、吊顶等

深加工平板玻璃

分类：喷砂玻璃、磨砂玻璃、镜面玻璃、烤漆玻璃、彩色玻璃等

用途：门、窗、隔断、吊顶等

普通透明玻璃

分类：透明浮法玻璃及吸热平板玻璃

用途：门、窗

价格 / (元 / m²)

1000

950

900

800

750

700

650

600

550

500

450

400

350

300

250

200

150

100

50

0

玻璃砖

分类：彩色空心
玻璃砖、
透明空心
玻璃砖等

用途：墙面、隔
墙、隔断、
屏风等

安全玻璃

分类：钢化玻璃、
贴膜玻璃等

用途：门、窗、隔
断等

雕刻玻璃

分类：人工雕刻
玻璃和计
算机雕刻
玻璃

用途：背景墙、
门、隔断、
屏风等

彩绘玻璃

分类：现代数码彩
绘黏合玻璃
及手绘彩绘
玻璃

用途：背景墙、门、
隔断、屏风、
吊顶等

玻璃设计搭配

玻璃的使用位置可以多变

有图案、纹理的玻璃不仅可以用在门窗及隔断上，也可以用来装饰背景墙，例如印刷玻璃、雕刻玻璃、彩绘玻璃等，设计时如搭配恰当的灯光，则更具华美感。在选择时，应注意选择与室内风格相协调或相同的图案，才能达到点缀的效果。

$\dfrac{①}{②}$

① 在面对街道的一侧设置了一个花园和一堵光学玻璃幕墙。阳光从玻璃折射进屋子，创造出一块块美丽的光斑。玻璃幕墙中一共使用了六千多块纯玻璃砖块（50mm×235mm×50mm）。高单位面积质量的纯玻璃砖块有效地阻挡了外界的声音，前后两座花园得以与城市街景在视觉上相互连通

② 彩色的艺术玻璃将投射而入的光线变得绚丽起来，整体的色彩氛围也活跃起来

①
②

① 在内部套间使用磨砂玻璃，既创造出光影的层次，又保护住隐私

② 用中国传统图案的艺术玻璃设计隔断，使中式风格的古雅感更强

玻璃施工工艺与构造

　　装饰玻璃的安装方式主要分为胶粘法、点挂法、干挂法和框支撑法。其中胶粘法是最常用的内装玻璃安装方式。

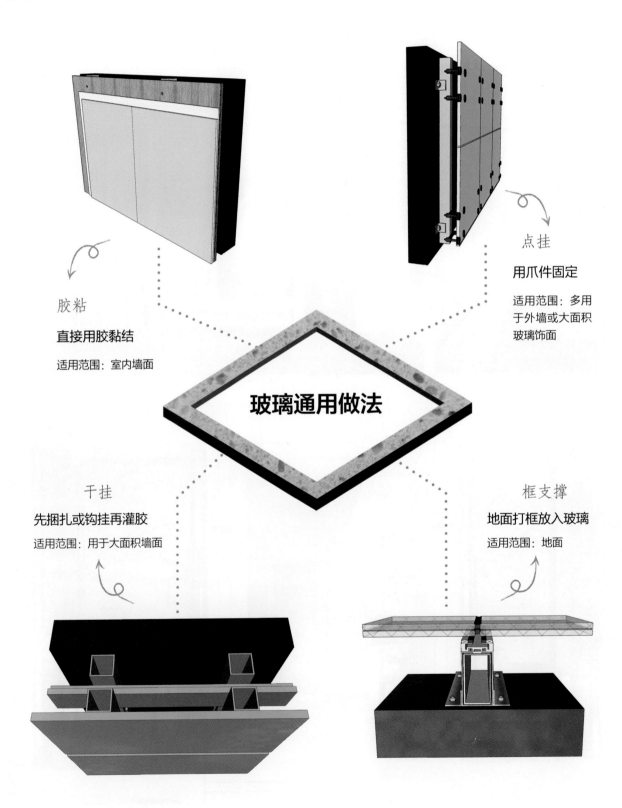

胶粘

直接用胶黏结

适用范围：室内墙面

点挂

用爪件固定

适用范围：多用于外墙或大面积玻璃饰面

玻璃通用做法

干挂

先捆扎或钩挂再灌胶

适用范围：用于大面积墙面

框支撑

地面打框放入玻璃

适用范围：地面

胶粘法

　　胶粘法就是直接用胶黏剂将玻璃背部与基层进行连接的做法，安全性全依赖胶黏剂的性能，所以不宜用此方法安装大面积单块玻璃，该种做法只适用于玻璃厚度 ≤ 6mm、单块面积 ≤ 1m² 的构造中。

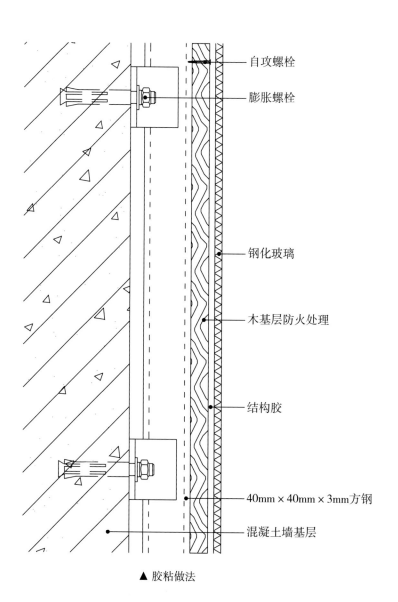

自攻螺栓

膨胀螺栓

钢化玻璃

木基层防火处理

结构胶

40mm×40mm×3mm方钢

混凝土墙基层

▲ 胶粘做法

做 法

在玻璃背面直接采用胶黏剂与基层进行连接

优 点

施工简单，费用较低

缺 点

粘贴强度低

注意事项

固定时可根据玻璃厚度选择胶黏剂，但在收口处要使用密封胶

点挂法

点挂法的节点构造相对来说比较简单，稳定性主要靠爪件结构，所以是安全性很高的玻璃安装做法。

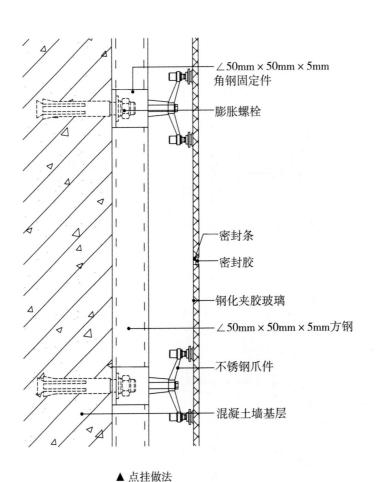

∠50mm×50mm×5mm 角钢固定件

膨胀螺栓

密封条

密封胶

钢化夹胶玻璃

∠50mm×50mm×5mm方钢

不锈钢爪件

混凝土墙基层

▲ 点挂做法

做　法

固定好钢架结构，用金属夹扣将玻璃安装固定好之后，注密封胶

优　点

安装灵活、安全性高

缺　点

不够美观

注意事项

点挂需要的爪件大小要根据使用面积、玻璃厚度、使用部位进行计算

干挂法

　　干挂法的安装做法处在胶粘法与点挂法的中间，与胶粘法相比，安全性更高；与点挂法相比，更加美观。所以出于安全考虑，大面积安装玻璃时，通常会考虑采用干挂法的做法。从观感上看，干挂法可以分为明框做法和暗框做法。

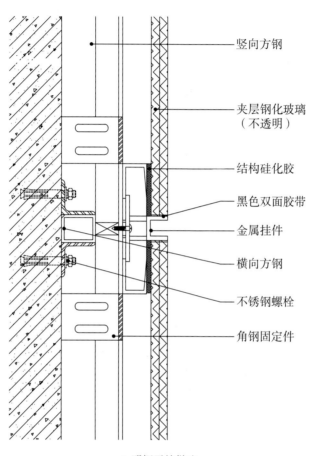

竖向方钢

夹层钢化玻璃
（不透明）

结构硅化胶

黑色双面胶带

金属挂件

横向方钢

不锈钢螺栓

角钢固定件

▲ 明框干挂做法

特　点

以特殊断面的铝合金型材为框架，玻璃面板全嵌入型材的凹槽内

优　点

应用广泛，工作性能可靠。相对于暗框更易满足施工技术水平要求

缺　点

对手工要求高些

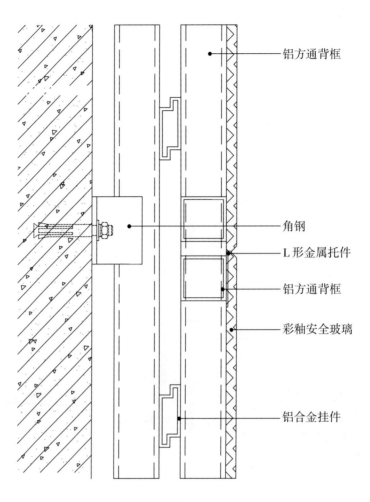

铝方通背框

角钢

L形金属托件

铝方通背框

彩釉安全玻璃

铝合金挂件

▲ 暗框干挂做法

特　点

将玻璃用结构胶黏结在钢架上，多数情况下，不再加金属连接件

优　点

较好的抗震性能、很强的装饰效果

缺　点

安装成本高；结构胶施工技术对环境和设备要求较高

注意事项

金属扣件可作为安全措施，但容易因产生集中应力使玻璃破裂

框支撑法

　　框支撑法就是在地面制作一个框，再将玻璃块面放在框上，用框来承载地面上的所有荷载。这种做法非常适合悬空的玻璃地面，以及大面积地面的结构处理，也是目前主流的做法。

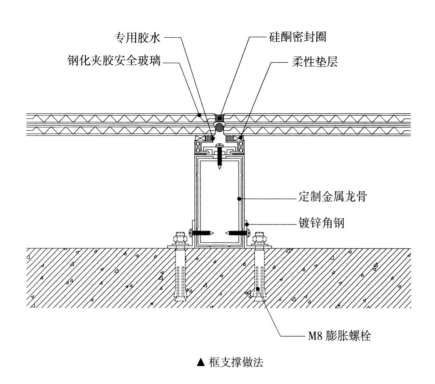

专用胶水
钢化夹胶安全玻璃
硅酮密封圈
柔性垫层
定制金属龙骨
镀锌角钢
M8 膨胀螺栓

▲ 框支撑做法

特 点	优 点	缺 点	注意事项
把玻璃的四个边均放在一个承载框上，再通过密封胶或收边条进行收口	安全性高、稳定性强	美观性差	只要是用于地面受力的玻璃，必须采用夹层玻璃

镜面玻璃

镜面玻璃是室内装修工程中使用频率非常高的一种装饰玻璃，具有表面平整、光滑，光泽感超强，华丽而不夸张等特点。且加工方式非常便捷，可随意裁切、拼贴，施工简单、工期短。当空间面积有限，让人感觉较拥挤时，运用各种颜色的镜面玻璃，不仅可以隐藏梁柱、延伸空间感，还可以增强华美、华丽的装饰效果。

镜面玻璃的优点

☑ 扩大空间，弥补空间缺陷

镜面能够折射光线后反射影像，模糊空间界面之间的界限，从视觉上起到扩大空间感的作用。特别适合室内面积不大的空间或者本身存在着一定建筑缺陷（例如梁、柱比较多）的空间。

☑ 装饰效果独特，更适合体现现代感

镜面玻璃表现形式具有独特个性，通过不同的颜色来匹配整个装修风格，独特的反光效果与采光效果，让整个空间非常个性。独特的艺术装饰效果，常用来表现现代感。

镜面玻璃的缺点

☑ 划痕明显，不美观

由于镜面玻璃光亮度较好，所以表面有一点点划痕很容易就能看出来，影响美观。

☑ 在室内不适合大面积出现

运用镜面玻璃并不是使用的面积越大越好，如一面墙的整体墙面只使用镜面材料或者相对的两面墙都使用镜面，会使人感觉错乱而产生压迫感，所以与其他材料结合，做点缀使用，或者大面积使用时加一些造型，才不会显得过于夸张。

镜面玻璃原料分层特点

玻璃层

特点：玻璃一般是以多种无机矿物为主要原料，加入少量辅助原料制成的

应用：不仅有装饰性，还能保护被装饰的界面

金属镀膜层

特点：由银、铝、铜等类型的金属制成特殊镀膜层，烧制在玻璃的背面，制成完整的镜面玻璃

应用：具有上色和增强玻璃反射及亮度的作用

镜面玻璃的材料分类

按颜色分类

按造型分类

超白镜

银白色，反射效果最强的一种镜面玻璃，可大面积使用，能够渲染出华丽感，适合多种风格

黑镜

黑色，非常具有个性，色泽神秘、冷冽，适合局部使用，适合现代、简约风格的室内空间

灰镜

灰色，特别适合搭配金属使用，即使大面积使用也不会过于沉闷，适合现代、简约风格的室内空间

茶镜

茶色，给人温暖的感觉，适合搭配木纹饰面板使用，可用于多种风格的室内空间中

色镜

此类镜面玻璃包含的色彩较多，反射效果较弱，适合局部使用，适合多种风格

平面镜

平板形状、未经过任何造型加工和拼接设计的一类镜面玻璃，是室内装饰工程中使用频率较高的一类，适合各种面积的部位

车边镜

镜面玻璃的边经过加工成 45° 斜边，多为菱形，也有其他形状，可定制加工，适合小面积地用于背景墙部位

材料施工工艺

📝 镜面玻璃与木饰面衔接

◎ 镜面玻璃可以折射光线，增补室内亮度，也因为这个原因，使其会有非常前卫的现代感。

◎ 木饰面本身就带有木质材料的温暖感觉，相比镜面玻璃而言，木饰面表达出来的更多的是柔和、温润的感觉。

◎ 安装镜面玻璃的时候，玻璃两侧固定木线条，较大木线条内部用木条进行填充。成品玻璃用玻璃专用胶固定在细工木板上，木线条与玻璃间的间隙用颜色相近的玻璃胶收口。

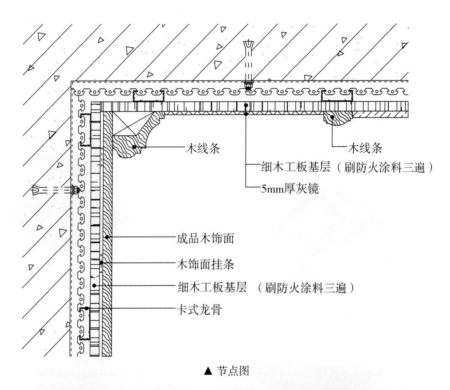

木线条
木线条
细木工板基层（刷防火涂料三遍）
5mm厚灰镜
成品木饰面
木饰面挂条
细木工板基层 （刷防火涂料三遍）
卡式龙骨

▲ 节点图

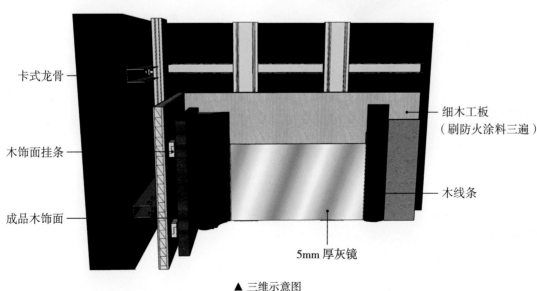

卡式龙骨
细木工板（刷防火涂料三遍）
木饰面挂条
木线条
成品木饰面
5mm 厚灰镜

▲ 三维示意图

▲ 实景效果图

方案

　　通过不同角度的多棱镜反射而
释放出来的光影图像不断地切换和
变化，释放出更多彩、更美妙的不
同维度的空间感受和不断转变着的
空间秩序。让原本的黑色空间看上
去不至于沉闷。

烤漆玻璃

烤漆玻璃，是一种极富表现力的装饰玻璃品种，可以通过喷涂、滚涂、丝网印刷或者淋涂等方式来体现。烤漆玻璃在业内也叫背漆玻璃，做法是在玻璃的背面喷漆，然后在 30~45℃的烤箱中烤大约 12h 制成的。

烤漆玻璃的优点

☑ 性能良好

烤漆玻璃耐水性、耐酸碱性强；耐污性强，易清洗；耐候性强，与结构胶相容性强；抗紫外线、抗颜色老化性强。

☑ 色彩选择性多

烤漆玻璃表面的色彩可以通过不同工艺产生不同的效果，例如金属感、半透明感、珠光感等特殊效果，可以根据需求搭配。

烤漆玻璃的缺点

☑ 自然晾干的漆面附着力小

安装烤漆玻璃的地方一般采用自然晾干，不过自然晾干的漆面附着力比较小，在潮湿的环境下容易脱落。

☑ 油漆喷涂玻璃会起皮脱漆

油漆喷涂玻璃，刚用时，色彩艳丽，多为单色或者多层饱和色进行局部套色，常用于室内，在室外经风吹雨淋、日晒之后，一般都会起皮脱漆。

烤漆玻璃与彩釉玻璃的区别

烤漆玻璃

工　　艺：将油墨通过喷涂、滚涂丝网印刷或者淋涂的方式体现在表面上，然后烤制

制作温度：30~45℃

釉料成分：与玻璃自身几乎一样，完成后与玻璃成为一体

彩釉玻璃

工　　艺：将无机釉料（又称油墨）印刷到玻璃表面，经加工处理后将釉料永久烧结于玻璃表面

制作温度：620~720℃

釉料成分：与玻璃底子不同，只是使用物理方式附着于玻璃外表

注：烤漆玻璃和彩釉玻璃在外观上看着相似，故在此对比。

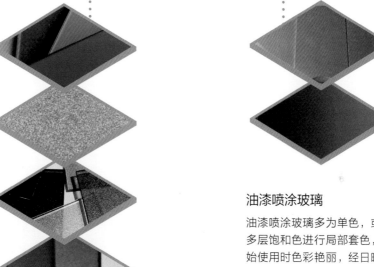

烤漆玻璃的材料分类

按颜色分类

按制作方法分类

实色系列

色彩最为丰富的一个系列，玻璃的颜色可根据潘通色卡或劳尔色卡的颜色任意进行调配

金属系列

带有金属般的质感，有金色、银色、古铜色以及其他金属色

半透明系列

可实现半透明、模糊效果，适合用来制作玻璃门或隔断

珠光系列

制作过程中加入珠光材质，能展示出高贵而柔和的效果

聚晶系列

制作玻璃时加入聚光晶片，具有浓郁的华丽感

套色系列

玻璃的类型和色彩可根据需要进行定制，可配合以上所有系列的产品来表现效果

油漆喷涂玻璃

油漆喷涂玻璃多为单色，或者用多层饱和色进行局部套色，刚开始使用时色彩艳丽，经日晒后易褪色或脱漆

彩色釉面玻璃

经过改进后的烤漆玻璃，没有油漆喷涂玻璃的一些缺点，可分为低温彩色釉面玻璃和高温彩色釉面玻璃

材料施工工艺

☑ 烤漆玻璃隔墙施工工艺

◎ 烤漆玻璃因为色彩丰富，所以做成隔墙会自带透光不透景的效果，也很有装饰效果。

◎ 玻璃隔墙的玻璃可以部分拆装、多次重复利用，使用过程中材料经过拆装后损伤极小，可以在极大程度上地降低搬迁所产生的费用。

◎ 玻璃安装时，需用硅酮密封胶进行固定，若是进行窗户的安装，还需要与橡胶密封条等配合使用。

◎ 施工完毕后，需注意在玻璃墙面上加贴防撞的警告标志，一般可用不干贴、彩色电工胶布等给出提示。

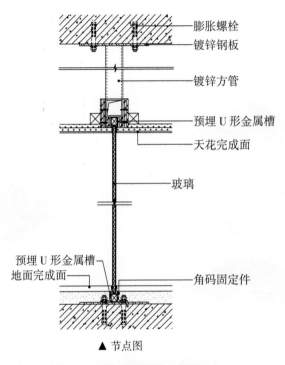

▲ 节点图

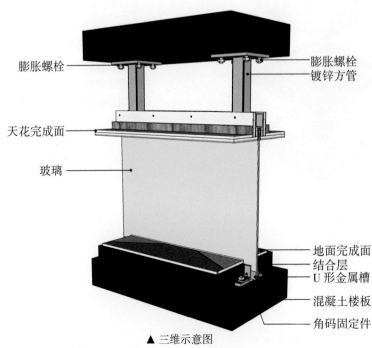

▲ 三维示意图

方案一

案例中由于平面的限制，卫生间被定在了入口处。为了不破坏空间的整体氛围，将卫生间的门隐藏在一面黑色烤漆玻璃隔墙内，有限地延续了入口空间的视觉连续性，扩大了空间感。

▲ 实景效果图

方案二

案例中通过烤漆玻璃、镜面地砖及镜面不锈钢材质，利用物理原理中的反射、折射以及漫反射作用，增加空间的层次感与延展性。通过黑色乳胶漆与黑色烤漆玻璃的应用，凸显光在整个空间的效果，如同置身浩瀚的宇宙之中，感受光的能量，将身体与精神双重沉浸在空间里。

▲ 实景效果图

艺术玻璃

艺术玻璃是以玻璃为载体，加上一些工艺美术手法，再结合想象力，实现审美主体和审美客体的相互对象化的一种装饰性建材。它将玻璃的特有质感和艺术手法相结合，款式千变万化、多种多样，且图案可定制，具有浓郁的艺术感和其他玻璃材料没有的多变性。

艺术玻璃的优点

☑ 可自发定制图案

每块玻璃上都能融入个性化的设计以及色彩，不用制版，也不用晒版和重复套色，通过非常简单的方式就能实现，并且成品的效果逼真。

☑ 本身性能稳定

由于玻璃本身的属性，玻璃本身具有透明、透光、发亮、化学性能稳定等特点，因此使用范围很广泛。

艺术玻璃的缺点

☑ 安装易碎需谨慎

因为艺术玻璃属于玻璃产品，容易出现碎裂，因此在运输过程中必须小心谨慎，采取一定的保护措施。设计时需要注意与环境的搭配，否则效果会大打折扣。

艺术玻璃原料分层特点

玻璃层

特点：玻璃一般是以多种无机矿物为主要原料，加入少量辅助原料制成的

应用：玻璃层具有很高的强度、硬度，装饰的界面不仅美观，且极易打理

装饰层

特点：不同类型的艺术玻璃装饰手法是不同的，有的使用颜料，有的使用油漆，有的还会在两层玻璃中间夹装饰物

应用：丰富的装饰手法，为艺术玻璃提供了多样的装饰效果和艺术感

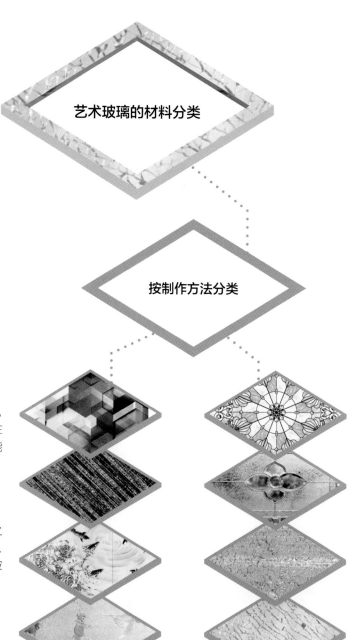

艺术玻璃的材料分类

按制作方法分类

印刷玻璃

采用数码打印设备和技术，可将计算机上的图案印刷在玻璃上，图案半透明，既能透光又能使图案融入环境

夹层玻璃

在两片或多片玻璃原片之间，加入中间膜或纸、布、丝、绢等制成的一种复合玻璃，透明度由夹层决定

雕刻玻璃

可在玻璃上雕刻各种图案和文字，雕刻图案的立体感较强，分为透明和不透明两种

压花玻璃

表面通过压制制成各类花纹，具有透光不透明的特点，其透视性因距离、花纹的不同而各异

彩绘玻璃

用特殊颜料直接着墨于玻璃上，或者在玻璃上喷雕成各种图案再加上色彩制成，可逼真地对原画进行复制

镶嵌玻璃

可以将彩色玻璃、雾面玻璃等各种玻璃任意组合，再用金属条加以分隔，合理地搭配创意，呈现不同的美感

琉璃玻璃

琉璃玻璃装饰效果极强，具有丰富亮丽的图案和灵活变幻的纹路，块面都比较小，价格较高

冰裂玻璃

纹理为不规则的裂纹，广义上属于夹层玻璃的一种，中间为裂纹玻璃，两侧为完好的玻璃，纹理独特

材料施工工艺

☑ 艺术玻璃墙面施工

◎ 艺术玻璃的高透光性是一般装饰材料比不上的。它可以通过漫反射使整个房间充满柔和光线，解决了阳光直射引起的不适感。阳光通过艺术玻璃能达到次透光，甚至是三次透光，可大大提高室内的光环境水平，使光线扩散，从而使室内的氛围稳定、柔和。

◎ 采用艺术玻璃作为墙面时，玻璃的材质需厚实，应在 8cm 以上，所以一般采用玻璃分件，既方便运用，又方便安装维护。

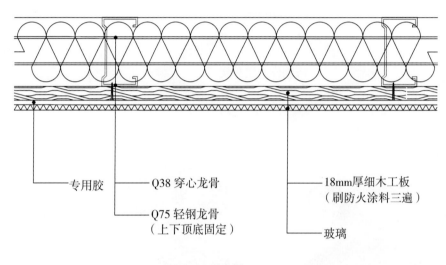

专用胶　　Q38 穿心龙骨　　18mm厚细木工板（刷防火涂料三遍）

Q75 轻钢龙骨（上下顶底固定）　　玻璃

▲节点图

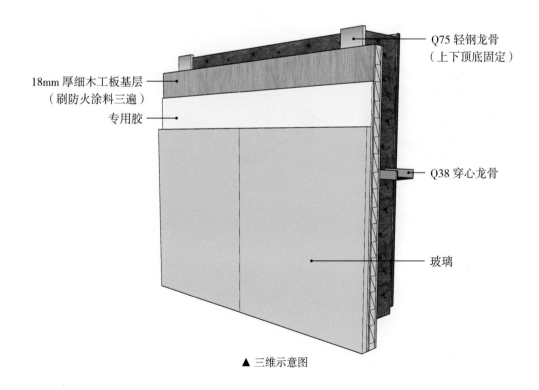

Q75 轻钢龙骨（上下顶底固定）

18mm 厚细木工板基层（刷防火涂料三遍）

专用胶

Q38 穿心龙骨

玻璃

▲ 三维示意图

方案一

案例中每一片玻璃的纹样都通过特殊的技术，真实地还原了摄影师拍摄的石材样式，这使得建筑表面几乎和石材一模一样。完全光滑的半透明表面仿佛不经意地打破了室内外的界限，并柔和地过滤光线，在白天使得图书馆有充足的光线，夜幕降临时室内的灯光又可以照亮院子。

▶ 实景效果图

方案二

  案例中医院窗户玻璃上有着丝网印刷的花卉图案，对提升医院形象起到了重要的作用。地面层有一个与花园融为一体的玻璃长廊，这里强调归属感和舒适感，并为病人提供个性化的服务。

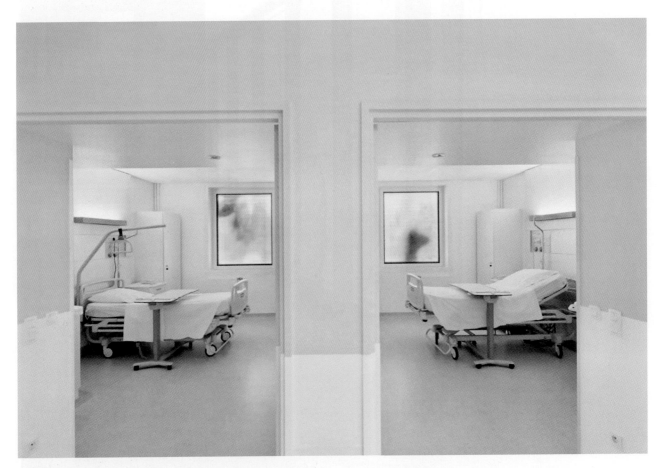

▲ 实景效果图

方案三

　　案例中被彩色镶嵌玻璃装饰的入户门，有着复古且独特的装饰效果。玻璃的图案由简单的线条勾勒，造型优雅。玻璃部分透光但不透视，也保证了玄关的采光。

► 实景效果图

玻 璃 砖

玻璃砖是用透明或颜色玻璃料压制成型的块状或空心盒状，体形较大的玻璃制品。其品种主要有玻璃空心砖、玻璃实心砖。多数情况下，玻璃砖并不作为饰面材料使用，而是作为结构材料，用于墙体、屏风、隔断等。

玻璃砖的优点

☑ 透光、隔热、防水

空心玻璃砖隔音隔热，可隔绝室外温度为 50%，可降低噪声达 45dB 左右；防水、节能、透光良好。

☑ 可做曲线造型

可依玻璃砖的尺寸、大小、花样、颜色的不同做出不同的设计效果，依照尺寸的变化可以在家中设计出直线墙、曲线墙以及不连续墙。

玻璃砖的缺点

☑ 不能切割

玻璃砖不能切割，所以安装预留的"洞口"要满足"整数"块玻璃砖的尺寸。

☑ 防火能力差

玻璃砖是不可燃烧的材料，但在烈火面前，它可以熔化或软化，在烈火中只用很短的时间就会发生玻璃破碎，因此在建筑设计中要充分考虑建筑的防火要求。

☑ 结构胶易老化

长期受自然环境的不利因素影响，结构胶易老化，导致玻璃砖坠落。在设计时应尽量采用明框或者半隐框玻璃砖，会大大降低玻璃坠落的概率。

玻璃砖原料分层特点

面层

特点：面层由高级硅砂等材料烧制而成，加工方面有透明、磨砂、压花等方式，色彩有无色和彩色两类

应用：空心玻璃砖由两块半坯在高温下熔接而成，中间是密封空腔并且存在一定的微负压

夹层

特点：面层是空心玻璃砖的构成主体，具有透光等性能，是玻璃砖装饰性的主要来源

应用：夹层具有隔热、保温、隔音、防潮、抗压等作用

空心玻璃砖

由两层玻璃熔接或交接制成的一类空心盒装玻璃制品，是室内装饰工程所用玻璃砖的主流

实心玻璃砖

由两块中间圆形凹陷的玻璃体粘接而成，比空心玻璃砖重，一般只能粘贴在墙面上或依附其他加强的框架结构才能使用

按制作工艺分类

玻璃砖的材料分类

按表面效果分类

按色彩分类

光面玻璃砖

空心玻璃砖的一种，采用完全透明的光面玻璃制作，适合用在隐私性不强的区域

雾面玻璃砖

采用磨砂或喷砂玻璃制作，大部分为双雾面，也有单雾面的款式，透光不透视，可保证隐私性

压花玻璃砖

采用压花玻璃制作，装饰性较强，较适合用在隐私性不强的区域

原色玻璃砖

使用的玻璃为玻璃本色，透明或绿玻璃本色透光性最强，有光面、磨砂、压花等类型

彩色玻璃砖

使用各种颜色的彩色玻璃，透光性比原色玻璃砖弱，有光面、磨砂、压花等类型

材料施工工艺

☑ 玻璃砖墙施工工艺

◎ 用玻璃砖做隔墙，可以营造出轻盈灵动的质感和通透的视觉效果。

◎ 玻璃砖半透明的效果保证了私密性，同时也能用来装饰、遮挡和分割空间。

◎ 若所在地区温差较大，或是大面积外墙与弧形内墙连接，需要考虑到墙面的膨胀和强度，施工时预留出膨胀缝。

◎ 要自上而下排砖砌筑玻璃砖墙，砌筑前在玻璃砖凹槽内放置十字定位架，砌筑时将上层玻璃砖压在下层玻璃砖上，同时使玻璃砖中间槽卡在定位架上。

◎ 两层玻璃砖的间距为 5~10mm，每砌一层用湿布将玻璃砖面上沾着的水泥浆擦去。

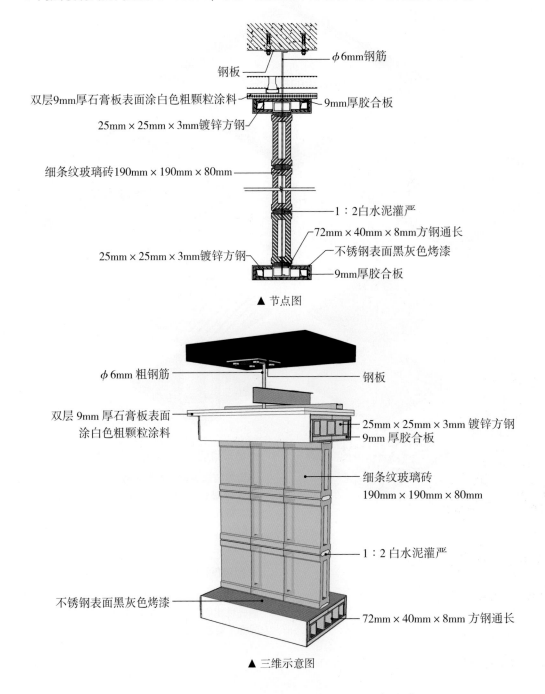

▲ 节点图

▲ 三维示意图

方案一

案例中设计师不想让外部景观穿透旧玻璃墙面，因此在预算有限的情况下，通过使用当地生产的玻璃砖，既遮挡了外部视线，又将阳光引入室内，营造出整个空间的氛围感。另外在照明方面，设计师换了一种思路进行设计，将便宜、耐用且形式多样的 LED 霓虹灯打造成无限延展的波浪形，既醒目又时尚。

▲ 实景效果图

方案二

　　方案中设计的灵感来自区域中的工业遗产，对粗犷的材料、立面层级和表面细部进行了现代诠释。蜿蜒的砖制立面沿街而设，突出了大楼的形式；引人注目的双层通高入口是设计最出众的特征之一，由意大利手工水晶玻璃砖组成，施工精美，在技术上具有很大的挑战性。

▲ 实景效果图

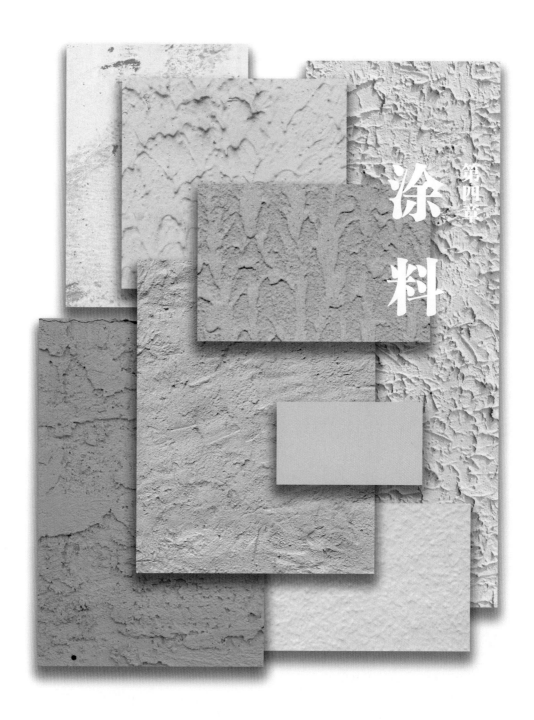

第四章

涂料

涂料在我国传统中被称为油漆，它通常是以树脂、油或乳液为主，添加或不添加颜料、填料，添加相应助剂，用有机溶剂或水配制而成的黏稠液体。它属于饰面材料的一种，施工简单，装饰效果出色，翻新容易，在室内设计中运用的频率非常高。

中国涂料界比较权威的《涂料工艺》一书是这样定义的："涂料是一种材料，这种材料可以用不同的施工工艺涂覆在物件表面，形成黏附牢固、具有一定强度、连续的固态薄膜，这样形成的膜通称涂膜，又称漆膜或涂层。"室内装饰工程使用的涂料根据使用功能的不同可分为三种类型：基础涂料、环保涂料和艺术涂料。其中基础涂料是最早的涂料品种，典型的代表是乳胶漆，其使用频率最高，虽然花样单调，但色彩多样，无论是家装还是工装都是必备的主材之一。

涂料基础知识

涂料除了可以增加视觉美感外，还能对物体表面形成保护，有些品种还具有绝缘、防腐、标志等特殊功效。因此，选择涂料时，不仅要考虑颜色，还要考虑被涂饰物体、用途、鲜艳度、有无阳光直射等因素。室内常用的涂料包括墙面涂料、木器漆、金属漆及地坪漆等类型。

涂料常见分类

黑色金属漆

分类：水性金属漆和溶剂型金属漆等

用途：钢铁类金属

乳胶漆

分类：聚乙酸乙烯乳液和丙烯酸乳液

用途：墙壁及天花板

功能性地坪漆

分类：弹性地坪漆及防滑地坪漆等

用途：地面

聚氨酯地坪漆

分类：溶剂型、无溶剂型及水性聚氨酯地坪漆等

用途：地面

露木纹漆

分类：清漆、透明漆、聚氨酯清漆及油性着色剂等

用途：木饰面及木质家具

价格 / (元 / m²)

1000
⋮
900
⋮
400
⋮
300
290
280
270
260
250
240
230
220
210
200
190
180
170
160
150
140
130
120
110
100
90
80
70
60
50
40
30
20
10
0

不露木纹漆

分类：合成树脂调
和漆、珐琅
漆、聚氨酯
树脂漆等
用途：木饰面及木
质家具

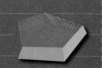

环氧树脂
地坪漆

分类：无溶剂自流
平地坪漆、
水性地坪
漆、耐磨地
坪漆等
用途：地面

质感涂料

分类：硅藻泥、
艺术涂料、
马来漆等
用途：墙壁及天
花板

有色金属漆

分类：水性金属漆
和溶剂型金
属漆等
用途：非铁类、
有色金属

功能性
涂料

分类：书写涂
料等
用途：墙壁及
天花板

涂料设计搭配

运用跳色装饰墙面

涂料的一个显著优点就是色彩多样，在用它装饰墙面时，有时会根据需要使用一些活泼的跳色。在使用这类色彩时，需要特别注意色彩的组合，可用黑、白、灰类的中性色与其组合，降低其跳脱感，使整体效果更舒适，并避免刺激感。

①
———
②

① 白色抛光系列的艺术漆面，使整条过道更加明亮开阔，营造宁静的现代气息。透过正面朱砂红艺术涂料弧形墙体的圆形窗孔，与里面空间的结构相互交错，给予人无限的遐想空间

② 将涂料直接覆盖到顶面，用色彩转移粗糙的墙面质感，绿色与红色的对比，让空间的气氛活跃

利用涂料色彩解决空间缺陷

　　小空间使用深色涂料，可根据环境特点来选择涂料的设计方式。采光极佳的房间，若计划墙面全部涂刷深色，可选择冷色系或深色系，而深色系的暖色过于厚重、沉闷，不建议大面积使用；若采光不佳，则建议仅涂刷背景墙，色彩可随喜好或室内风格选择。

$\dfrac{①}{②}$

① 涂上白色涂料的墙面与不涂任何涂料的墙面，首先在视觉上就形成了细腻与粗犷的对比，空间的分区与层次，仅靠涂料就已经能够达成。白色涂料平衡掉灰色涂料的压抑感，让空间看上去更加明亮

② 白色的硅藻泥涂刷在卫生间的墙上，可以让原本采光一般的空间变得明亮起来，硅藻泥特殊的质感，减少了单一白色的单调感，增加了装饰性

涂料施工工艺与构造

同为涂料，艺术涂料与乳胶漆的做法基本相同，并没有特别大的区别，只要提供一个平整的腻子基面，剩下的就是根据不同饰面效果采用不同的涂抹方式。所以，乳胶漆的施工构造图适用于其他建筑涂料。

涂刷法

涂刷法是拿着排刷进行施工。由于是手工操作，所以细致程度完全由施工人员决定。

滚涂法

滚涂法是手工操作滚筒进行施工，适合涂刷大面积的墙面。先让滚筒完全吸收乳胶漆，然后在墙面上进行涂刷。施工既简单又快，价格实惠。

喷涂法

喷涂法是采用喷枪进行施工。喷漆时要握稳喷枪，喷嘴要与墙面垂直，距离墙面大约 40cm，这样更能保证喷涂的效果。施工复杂，价格贵些。

	做　法	优　点	缺　点	注意事项
涂刷法	先进行基体处理，后用底漆封闭，再刷面漆、清理场地	省材料、可精细涂抹任何基面	费人工、效率低	—
滚涂法	先进行基体处理，后用底漆封闭，再刷面漆、清理场地	速度快、效率高、最常用	只适用于大平面涂刷，不适合异形墙面	—
喷涂法	先对现场进行遮蔽，再用设备进行喷涂，结束后清理现场、修整边角	速度快、效率高、最常用	只适用于大平面涂刷，不适合异形墙面	喷涂时可由下而上分层进行。大面积喷涂时，可分段、分片进行

涂料墙面构造

1. 轻钢龙骨墙体

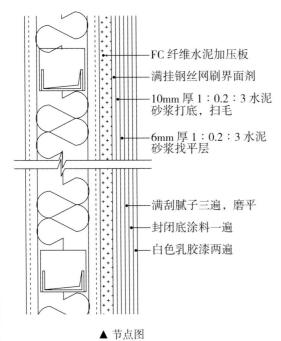

- FC 纤维水泥加压板
- 满挂钢丝网刷界面剂
- 10mm 厚 1：0.2：3 水泥砂浆打底，扫毛
- 6mm 厚 1：0.2：3 水泥砂浆找平层
- 满刮腻子三遍，磨平
- 封闭底涂料一遍
- 白色乳胶漆两遍

▲ 节点图

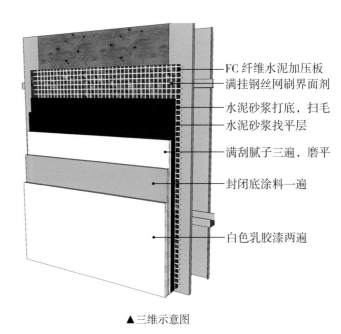

- FC 纤维水泥加压板
- 满挂钢丝网刷界面剂
- 水泥砂浆打底，扫毛
- 水泥砂浆找平层
- 满刮腻子三遍，磨平
- 封闭底涂料一遍
- 白色乳胶漆两遍

▲ 三维示意图

2. 轻质砖墙体

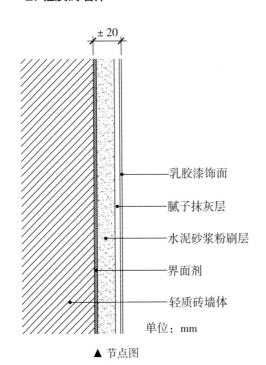

± 20

- 乳胶漆饰面
- 腻子抹灰层
- 水泥砂浆粉刷层
- 界面剂
- 轻质砖墙体

单位：mm

▲ 节点图

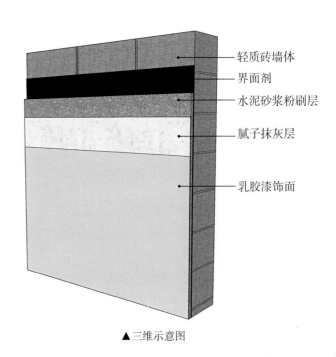

- 轻质砖墙体
- 界面剂
- 水泥砂浆粉刷层
- 腻子抹灰层
- 乳胶漆饰面

▲ 三维示意图

乳胶漆

乳胶漆是乳胶涂料的俗称，是以丙烯酸酯共聚乳液为代表的一大类合成树脂乳液涂料。乳胶漆是水分散性涂料，它是以合成树脂乳液为基料，填料经过研磨分散后加入各种助剂精制而成的涂料，具备了与传统墙面涂料不同的众多优点，如易于涂刷、干燥迅速、漆膜耐水、耐擦洗性好、抗菌等。

乳胶漆的优点

☑ 安全无毒、施工方便

安全无毒，无味，避免了传统油漆毒性气体挥发的问题。施工方便，可以刷涂也可辊涂、喷涂、抹涂、刮涂等。

☑ 干燥速度快

在25℃时，30min内表面即可干燥，120min左右就可以完全干燥。

☑ 可在湿墙上施工

可在新施工完的湿墙上施工，允许相对湿度可达8%~10%，且不影响水泥继续干燥。

乳胶漆的缺点

☑ 不耐脏

乳胶漆不耐脏，脏了以后不宜清洗，根据需要，可以选择可擦洗和不可擦洗产品。

☑ 对温度敏感

由于乳胶漆是水分散性涂料，所以在施工时现场温度必须在5℃以上，在运输中贮存温度要在0℃以上，否则容易结冻。

乳胶漆原料分层特点

底漆

特点：提高面漆的附着力、增加面漆的丰满度、提供抗碱性、提供防腐功能等，同时可以保证面漆的均匀吸收

应用：墙面用腻子找平，涂刷基膜后，再涂刷底漆

面漆

特点：主要成分为树脂，能够牢固地黏合到底漆之上，为乳胶漆的最后一层，乳胶漆的美化效果要依靠它来展现

应用：底漆全部涂刷完成后，涂刷面漆，有色面漆需要进行调色

乳胶漆的材料分类

按涂刷效果分类

按作用分类

有光漆

色泽纯正、光泽柔和。漆膜坚韧、附着力强、干燥快。防霉耐水，耐候性好，遮盖力高

丝光漆

涂膜平整光滑、质感细腻，高遮盖力、强附着，可洗刷，光泽持久。极佳抗菌及防霉性能，优良的耐水、耐碱性能

亚光漆

无毒、无味。较高的遮盖力、良好的耐洗刷性。附着力强，耐碱性好，流平性好

亮光漆

卓越的遮盖力，坚固美观，光亮如瓷。很高的附着力，高防霉抗菌性能。耐洗刷、涂膜耐久且不易剥落，坚韧牢固

普通乳胶漆

不带任何功效的普通类型乳胶漆，适合不要求特殊功效的空间，可满足不同消费层次需要

功效乳胶漆

具有特殊功效的乳胶漆，有多种类型，如抗菌、抗污等，适合有功能性需求的空间使用

材料施工工艺

✍ 乳胶漆与不锈钢衔接

◎ 乳胶漆虽然是涂料，但因为色彩丰富，所以可以营造出不同的氛围。

◎ 因为不锈钢是金属，所以自带一种工业感和现代感，如果与乳胶漆搭配，可以让空间的现代感增强。

◎ 乳胶漆成分中含有腐蚀性液体，会破坏不锈钢表面的分子结构，所以在节点完成后，应检查不锈钢表面是否沾有乳胶漆。不锈钢表面的乳胶漆在浸湿后可以很容易地擦掉。

◎ 不锈钢安装时首先确认其折边是否平直，然后将拉丝不锈钢压在墙面乳胶漆上。

◎ 不锈钢与乳胶漆墙面接触缝隙处用玻璃胶进行收口。

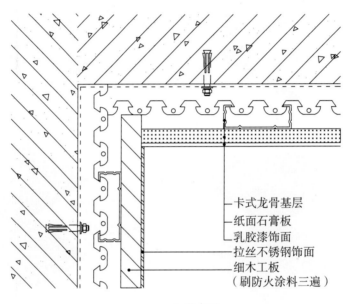

卡式龙骨基层
纸面石膏板
乳胶漆饰面
拉丝不锈钢饰面
细木工板
（刷防火涂料三遍）

▲ 节点图

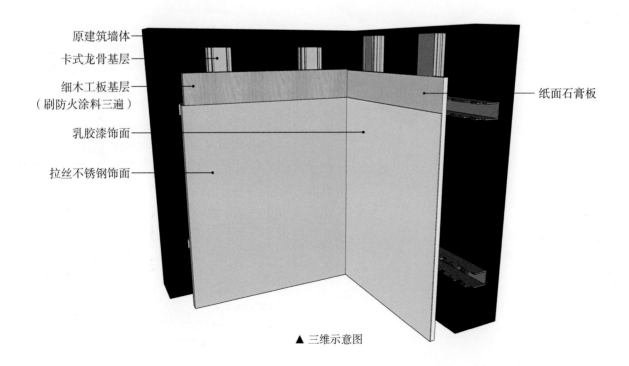

原建筑墙体
卡式龙骨基层
细木工板基层
（刷防火涂料三遍）
乳胶漆饰面
拉丝不锈钢饰面
纸面石膏板

▲ 三维示意图

方案 案例中简欧风格的卧室，单靠家具和布艺很难将欧式风格的精髓展现完全，所以在顶面和墙面都用了传统的石膏线条修饰，这样古典欧式的氛围便悄然满溢。但是简欧风格的核心在于简约、克制的精致，通过不锈钢线条与石膏线的组合，古典与现代就融合在了一起，这与简欧风格的风格追求刚好吻合。

▲ 实景效果图

材料收口

乳胶漆与风口收口

① 用料：轻钢主、副龙骨；9.5mm或12mm厚纸面石膏板；20mm×40mm镀锌方管。

② 做法：轻钢主、副龙骨基层制作→9.5mm或12mm厚纸面石膏板，用自攻螺钉与龙骨固定→安装20mm×40mm镀锌方管对风口加固→满刷氯偏乳液或乳化光油防潮涂料2道→满刮2mm厚面层耐水腻子→用自攻螺钉将风口固定于方管上。

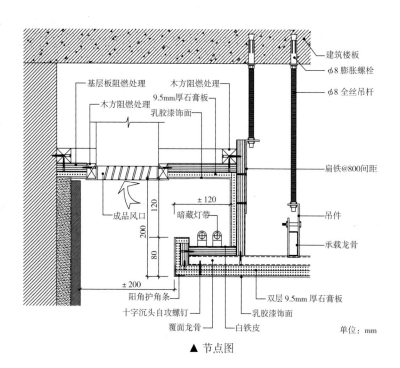

▲ 节点图

单位：mm

✍ 乳胶漆与软硬包衔接

◎ 软硬包常出现在卧室的背景墙上，作为一种墙面装饰。

◎ 软硬包的材料不同，呈现的效果也不同。布艺软硬包温暖感强，皮革软硬包现代感强，可以根据室内氛围进行选择。

◎ 软硬包的布料随基层热胀冷缩，布面容易松弛，故在安装时应选择单层布，拉紧布面，软硬包做成活动式，便于安装和维修。

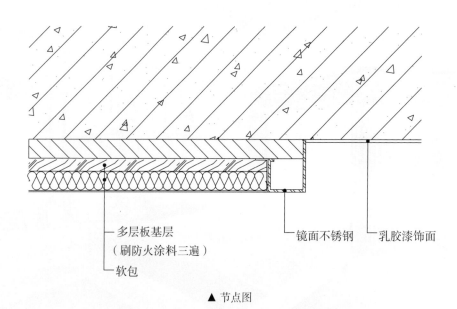

多层板基层
（刷防火涂料三遍）

软包

镜面不锈钢　　乳胶漆饰面

▲ 节点图

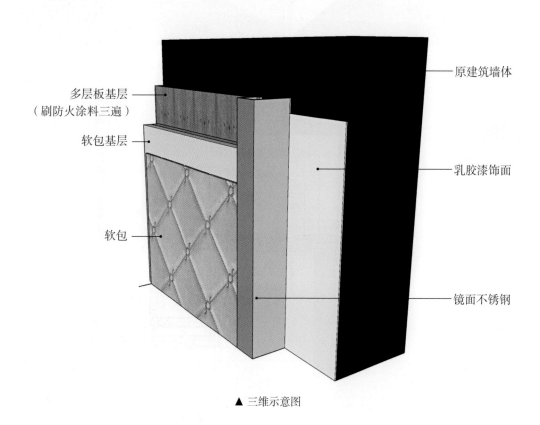

多层板基层
（刷防火涂料三遍）

软包基层

软包

原建筑墙体

乳胶漆饰面

镜面不锈钢

▲ 三维示意图

方案 　　灰棕色的硬包加上不锈钢包边，挂上装饰画，现代与古典融合的背景墙就此打造而成。不仅可以成为空间的视觉重点，也是卧室色彩的调节者。

▲ 实景效果图

材料收口

乳胶漆平顶与乳胶漆墙面交接（竖缝）

　　乳胶漆吊顶与墙面交接，之间要留有 3mm 的伸缩缝。

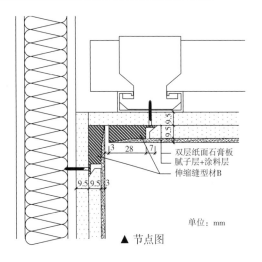

双层纸面石膏板
腻子层+涂料层
伸缩缝型材B

单位：mm

▲ 节点图

☑ 乳胶漆与玻璃衔接

◎ 顶棚不做复杂造型，利用乳胶漆和玻璃装饰，能够达到简约的现代感。

◎ 透光玻璃可直接放置于不锈钢封口的上方，无需打胶处理，也可方便检修，因此常被用于公装空间中。

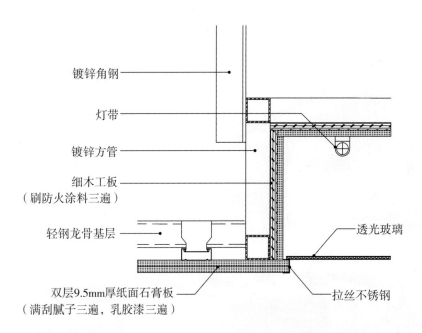

镀锌角钢

灯带

镀锌方管

细木工板
（刷防火涂料三遍）

轻钢龙骨基层

透光玻璃

双层9.5mm厚纸面石膏板
（满刮腻子三遍，乳胶漆三遍）

拉丝不锈钢

▲ 节点图

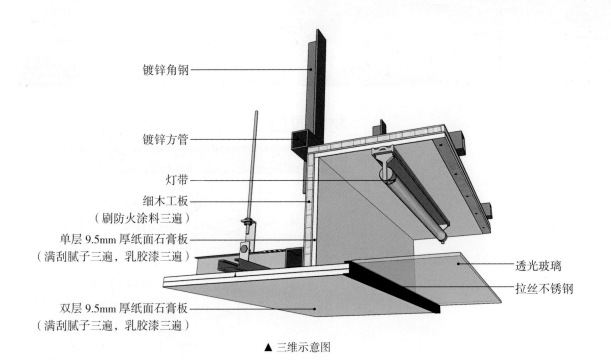

镀锌角钢

镀锌方管

灯带

细木工板
（刷防火涂料三遍）

单层 9.5mm 厚纸面石膏板
（满刮腻子三遍，乳胶漆三遍）

透光玻璃

拉丝不锈钢

双层 9.5mm 厚纸面石膏板
（满刮腻子三遍，乳胶漆三遍）

▲ 三维示意图

方案

　　案例中整个办公空间以白色和米棕色为主，整体的氛围是比较简约、大气的。顶棚可以说是设计要素相对较多的部位。灰色的透明玻璃既不会在视觉上挤压层高，也可以丰富顶棚造型。并且与造型灯具结合起来，形成可以发光的顶棚感。

▲实景效果图

材料收口

暗装窗帘盒收口

　　① 用材：细木工板；石膏板；木方；多层板。

　　② 施工工艺：龙骨吸顶吊件用膨胀螺栓与钢筋混凝土板固定→50mm 主龙间距900mm，50mm 副龙间距 300mm，副龙横称间距 600mm→18mm 细木板刷防火涂料 3 道，与吸顶吊件采用 35mm 自攻螺钉固定→9.5mm 厚纸面石膏板，用自攻螺钉与龙骨固定→满批耐水腻子 3 道→用乳胶漆涂料饰面。

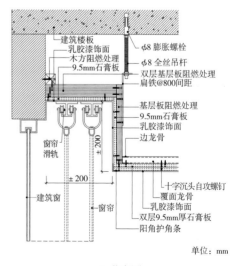

单位：mm

▲ 节点图

✍ 乳胶漆与镜子衔接

◎ 镜子完成面与纸面石膏板相平，没有高差，用细木工板做木基层来挂镜面。同时可以通过不锈钢条进行衔接。

◎ 凸起的不锈钢条既可以做装饰，又能起到稳固纸面石膏板和镜子的作用。

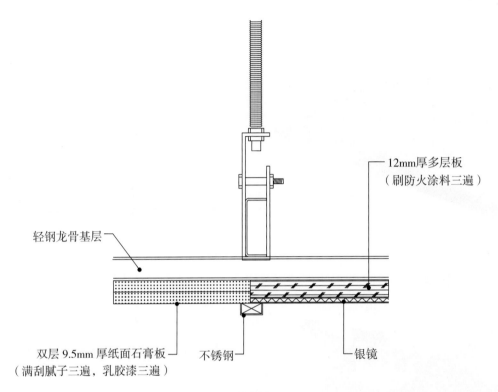

12mm厚多层板
（刷防火涂料三遍）

轻钢龙骨基层

双层 9.5mm 厚纸面石膏板
（满刮腻子三遍，乳胶漆三遍）　　不锈钢　　　银镜

▲ 节点图

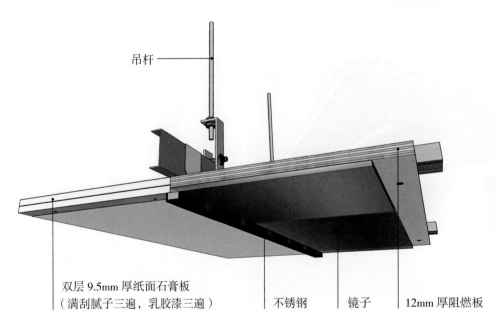

吊杆

双层 9.5mm 厚纸面石膏板
（满刮腻子三遍，乳胶漆三遍）　　不锈钢　　镜子　　12mm 厚阻燃板

▲ 三维示意图

方案

　　案例中镜子反射了地面上的瓷砖，让原本高度较低的餐厅部位在视觉上有了放大的感觉，同时金色不锈钢条破开了整面的镜子，与整体轻奢风格相匹配，同时还能起到加固的作用。

▲ 实景效果图

✍ 乳胶漆与铝板衔接

◎ 铝板自带的工业金属感很有现代感，用于办公空间或一些商业空间顶棚也非常适合。

◎ 边缘处可以用铝型材进行收边，让铝板和乳胶漆衔接边缘过渡自然。

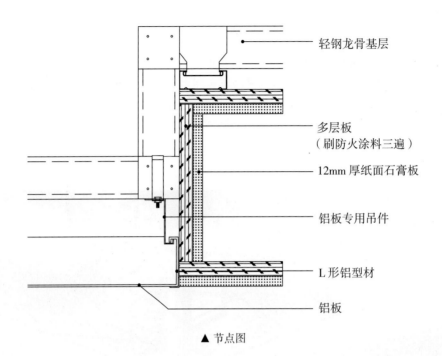

轻钢龙骨基层

多层板
（刷防火涂料三遍）

12mm 厚纸面石膏板

铝板专用吊件

L 形铝型材

铝板

▲ 节点图

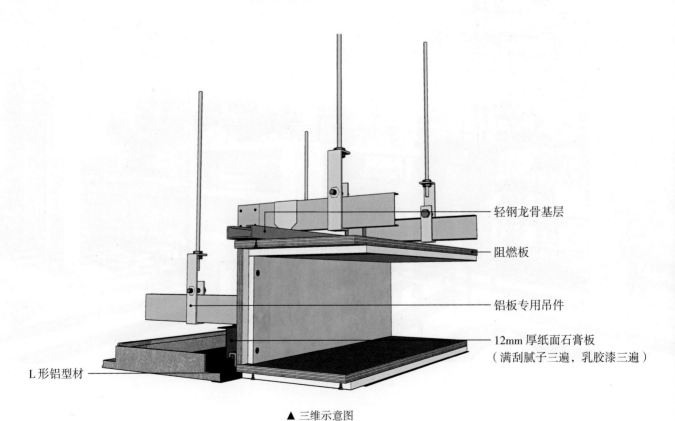

轻钢龙骨基层

阻燃板

铝板专用吊件

12mm 厚纸面石膏板
（满刮腻子三遍，乳胶漆三遍）

L 形铝型材

▲ 三维示意图

方案一

　　案例中用铝型材将铝板周边围起来，同时两侧采用白色乳胶漆做边缘处的收边，若是其他异形空间，纸面石膏板更方便裁切并贴合空间形态。铝板采用穿孔的形式，光线从小孔中隐隐透出，保证空间整体明亮的同时也柔和了光线。

▲ 实景效果图

方案二

　　案例中整个接待区运用了大量的黄色来营造活跃、童真的气氛，即使使用过量的黄色也不会令人感到烦躁，因为整个接待区的顶棚被铝板覆盖，灰色铝板的金属感和沉稳感中和了黄色带给人的浮躁感，也能将上照的光线反射，让顶棚不显得昏暗。

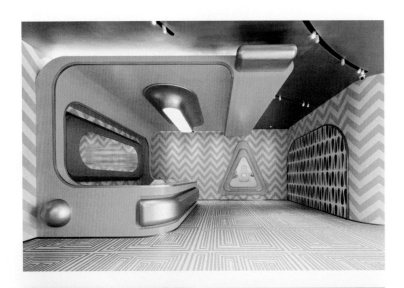

▲ 实景效果图

方案三

　　案例中浴室隔间墙面的压花铝板既引人注目又带来出乎意料的惊喜感，再加上侧面的玻璃砖隔墙，整个空间彰显出一种启发灵感的功能主义风格，为健身房添加了一个全新的戏剧性转变。

硅藻泥

硅藻泥是一种以硅藻土为主要原材料的室内装饰壁材，具有消除甲醛、净化空气、调节湿度、释放负氧离子、防火阻燃、墙面自洁、杀菌除臭等功能。

硅藻泥的优点

☑ 净化空气

硅藻泥产品具备独特的"分子筛"结构，具有极强的物理吸附性和离子交换功能，可以有效去除空气中的游离甲醛等有害物质及因吸烟所产生的气味，净化室内空气。

☑ 防火阻燃

硅藻泥由无机材料组成，因此不燃烧，即使发生火灾，也不会产生对人体有害的气体。当温度上升至1300℃时，硅藻泥只是出现熔融状态，不会产生有害气体等烟雾。

☑ 调节湿度

硅藻泥可以随着不同季节和早晚室内空气温湿度的变化来吸收或释放空气中的水汽，自动调节室内空气湿度，使其达到相对平衡，同时减少发霉和静电产生。

硅藻泥的缺点

☑ 耐水性差

硅藻泥属于水溶性装饰材料，不耐擦洗。因此不适用于卫生间、厨房或室外公共场合等水可以直接接触或浸淋的地方。

☑ 硬度不足

硅藻泥的硬度不足，使用纯硅藻泥装饰之后，用手一抠一个坑，不小心的磕磕碰碰也会损坏墙面，表现得非常脆弱。

硅藻泥与乳胶漆的区别

硅藻泥

原　　料：由硅藻土等天然材料组成，无毒无害

吸音降噪：效果显著

使用寿命：20~30年

乳胶漆

原　　料：含有一些不同程度毒性的游离单体，但浓度控制在0.1%之下

吸音降噪：效果较差

使用寿命：3~5年

硅藻泥的材料分类

按特点分类

按施工方式分类

稻草硅藻泥

颗粒最大的一种硅藻泥，吸放湿量较高。材料中添加了稻草，有自然、淳朴的装饰效果

防水硅藻泥

此种硅藻泥为中等颗粒，吸放湿量中等。材料中添加了防水剂，可以用在较为潮湿的区域

原色硅藻泥

也是一种大颗粒的硅藻泥，吸湿量较大。表面粗糙感明显，装饰效果较为粗犷

金粉硅藻泥

颗粒较大的一种硅藻泥，吸放湿量较高。材料中添加了金粉，装饰效果较为奢华

膏状硅藻泥

唯一一种状态为膏状的硅藻泥，材料的颗粒和吸放湿量均较小

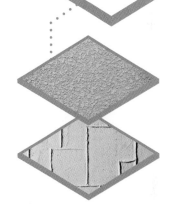

表面质感型硅藻泥

此类硅藻泥采用平光工法或喷涂工法施工，肌理不明显，质感类似乳胶漆，但更粗一些，装饰效果质朴大方

艺术型硅藻泥

此类硅藻泥采用艺术工法施工，使用各种工具在表面制作各种肌理或绘制图案，效果突出

材料施工工艺

✍ 卡式龙骨基层硅藻泥墙面施工工艺

◎ 为避免涂料被涂刷在混凝土隔墙的面上或凹凸面处时，涂膜立即向下流，使涂膜薄厚不均，应选用较快干燥的涂料品种，并添加缓干稀释剂，适量涂抹。

◎ 固定龙骨时用膨胀螺栓将卡式龙骨固定在墙面上，将U形轻钢龙骨与卡式龙骨卡槽连接固定，U形轻钢龙骨之间的间距为 300mm。

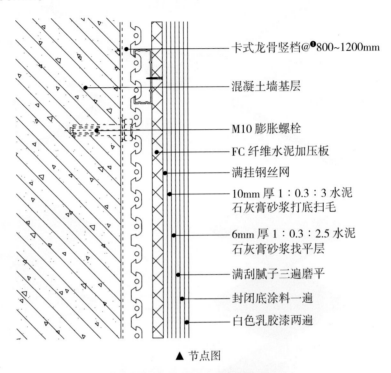

卡式龙骨竖档@❶800~1200mm

混凝土墙基层

M10 膨胀螺栓

FC 纤维水泥加压板

满挂钢丝网

10mm 厚 1：0.3：3 水泥石灰膏砂浆打底扫毛

6mm 厚 1：0.3：2.5 水泥石灰膏砂浆找平层

满刮腻子三遍磨平

封闭底涂料一遍

白色乳胶漆两遍

▲ 节点图

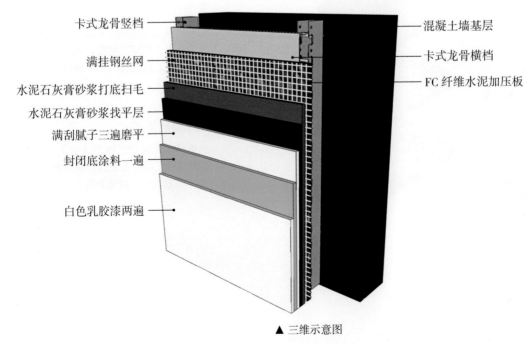

卡式龙骨竖档

满挂钢丝网

水泥石灰膏砂浆打底扫毛

水泥石灰膏砂浆找平层

满刮腻子三遍磨平

封闭底涂料一遍

白色乳胶漆两遍

混凝土墙基层

卡式龙骨横档

FC 纤维水泥加压板

▲ 三维示意图

❶ @ 表示卡式龙骨竖档安装的间距，即卡式龙骨竖档以 800~1200mm 进行安装。

方案 案例中空间的设计更重视的是传递出自然和谐的理念，所以选择了环保天然的硅藻泥涂刷在墙面上。随着时间的推移，触感和光线之间的亲和性所带来的感受将和住户的家庭一同慢慢变化，融为一体，创造出更加丰富的生活。

▶ 实景效果图

艺术涂料

艺术涂料最早起源于欧洲，20 世纪进入国内市场以后，以其新颖的装饰风格，不同寻常的装饰效果，备受推崇。艺术涂料是一种新型的墙面装饰艺术材料，再加上现代高科技的处理工艺，使产品无毒，环保，同时还具备防水、防尘、阻燃等功能，优质艺术涂料耐洗刷、耐摩擦，色彩历久常新。

艺术涂料的优点

☑ 可任意调配色彩

艺术涂料图案精美，色彩丰富，有层次感和立体感，可任意调配色彩，图案可自行设计，选择多样，装饰效果好。

☑ 防止墙面发霉

艺术涂料具有防霉功能，可防止墙面霉菌滋生，安全卫生并且易于清理，方便二次装修。

艺术涂料的缺点

☑ 小样与实际施工有差别

艺术涂料的小样和大面积施工呈现出来的效果会有区别，建议在大面积施工前，先在现场做出一定面积的样板，再整体施工。

☑ 讲究施工技术

施工讲究技术，必须通过专业的施工才能呈现艺术涂料的美，技术含量高，因此很多市面上知名的艺术涂料品牌都会配置技术成熟的施工团队来确保艺术涂料的墙面效果。

艺术涂料与壁纸的区别

艺术涂料

工　艺：涂刷在墙上，完全与墙面融合

装饰部位：内外墙通用

装饰效果：任意调配色彩，并且图案可任意选择与设计，属于无缝连接

壁纸

工　艺：贴在墙上，它是经加工后的产物

装饰部位：仅限内墙干燥空间

装饰效果：只有固定色彩和图案的选择，属于有缝连接

注：艺术涂料与壁纸的装饰效果都很不错，故在此进行对比。

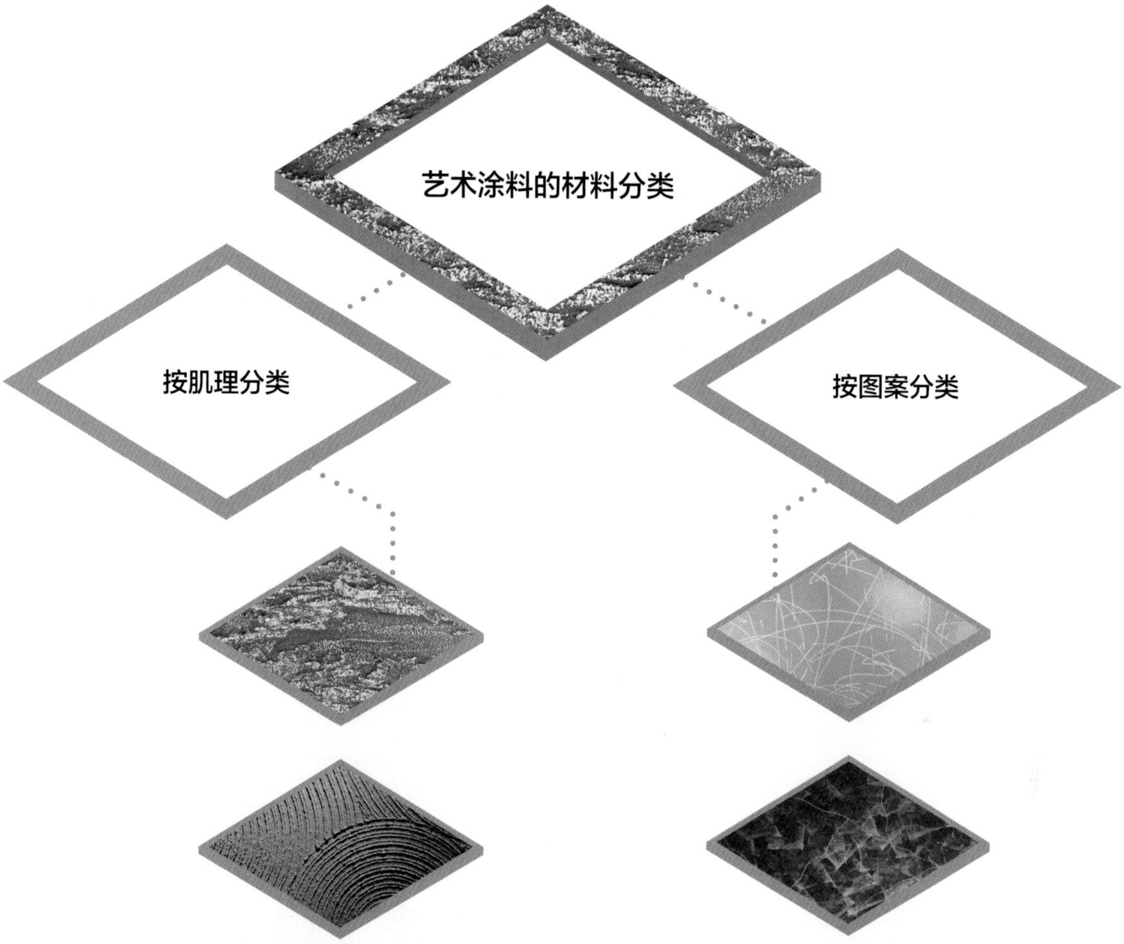

艺术涂料的材料分类

按肌理分类

按图案分类

仿岩石类

涂刷后效果和质感均类似天然岩石，可用来代替各种岩石，在室内适合小面积使用

肌理漆

具有一定的肌理性，花型自然、随意，可配合设计做出特殊造型与花纹，异形施工更具优势

固定型

此类艺术涂料的图案大小和色彩均可改变，但整体形式是较为固定的，变化均在一定范围内

多变型

此类艺术涂料的图案变化较丰富，花纹多样，还可根据需求设计图案，是艺术感很强的一类

材料施工工艺

✍ 混凝土基层艺术涂料墙面施工工艺

◎ 墙面的腻子粉需选取粉质细腻的，打磨腻子时需选取细砂纸，避免墙面出现刷纹现象，影响艺术涂料墙面的美观。

◎ 混凝土基层乳胶漆墙面透气性好、耐碱性强，因此涂层内外湿度相差较大时，不易起泡，比较适合作为餐厅、厨房的隔墙。

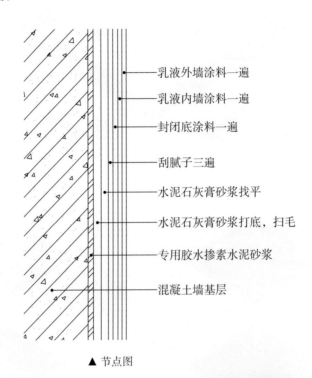

乳液外墙涂料一遍
乳液内墙涂料一遍
封闭底涂料一遍
刮腻子三遍
水泥石灰膏砂浆找平
水泥石灰膏砂浆打底，扫毛
专用胶水掺素水泥砂浆
混凝土墙基层

▲ 节点图

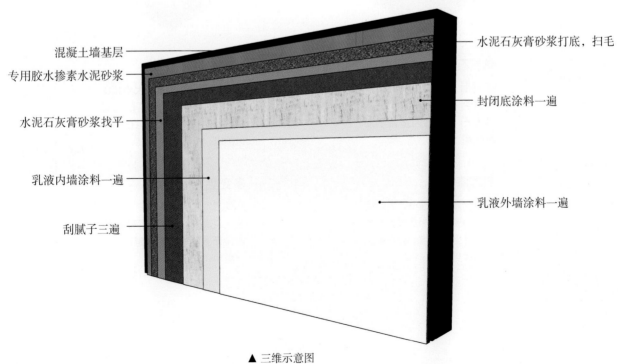

混凝土墙基层
专用胶水掺素水泥砂浆
水泥石灰膏砂浆找平
乳液内墙涂料一遍
刮腻子三遍

水泥石灰膏砂浆打底，扫毛
封闭底涂料一遍
乳液外墙涂料一遍

▲ 三维示意图

方案一

　　案例中可以看到室内中间立着一根圆柱，它本是原始空间支撑的槽钢，设计师巧妙运用，与楼梯平台一起搭配设计。粗糙的真石漆搭配弯曲柔和的环柱，融合刚柔协调，展现对比之美。

▲ 实景效果图

方案二

　　案例中餐厅的整个立面被水泥艺术漆包裹，略微粗糙的表面质感反而没有过分精致的做作感，搭配实木的餐桌椅，自然、随意的感觉充斥空间中。整个餐厅的格调在曲线的窗户和顶面造型之下，变得柔和起来。

第五章

皮革

　　皮革属于软性饰面材料，它们不仅被用于制作家具，近年来，随着人们审美的提高和对舒适性的不断追求，皮革开始大量用于室内装饰工程中做饰面材料。最常用的方式为制作墙面的硬包或软包造型。为了不断地满足装饰需求，皮革的种类也越来越多样化。

皮革基础知识

皮革的分类方法有很多，按制造方式可分为真皮、再生皮、人造革和合成革。随着科技的发展，合成革的性能虽然越来越接近天然皮革，但不能达到天然皮革的指标。

皮革常见分类

PU 合成革

特点：具有极其优异的耐磨性能，优异的耐寒、透气、耐老化性能

用途：软硬包制作

PVC 人造皮革

特点：近似天然皮革，外观鲜艳、质地柔软、耐磨、耐折、耐酸碱等

用途：软硬包制作

发泡人造革

特点：成品质轻、手感丰满、柔软

用途：软硬包制作

绒面人造革

特点：俗称人造麂皮；其品种繁多，面层有绒面感

用途：软硬包制作

价格 /（元 / m²）

5000

⋮

3500
3400
3300
3200
3100
3000
2900
2800
2700
2600
2500
2400
2300
2200
2100
2000
1900
1800
1700
1600
1500
1400
1300
1200
1100
1000
900
800
700
600
500
400
300
200
100
0

二层皮革

特点：牢度、耐磨性
较差，制作材
料主要有牛皮
和猪皮等
用途：软硬包制作

普通人造革

特点：成品手感较
硬、耐磨
用途：软硬包制作

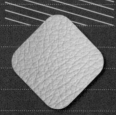

全粒面革

特点：涂层薄、有自然
的花纹、耐磨、
透气性良好
用途：软硬包制作

修面革

特点：涂饰层较厚、耐
磨性和透气性比
全粒面革差
用途：软硬包制作

皮革设计搭配

天然皮革更适合局部使用

　　天然皮革具有无可比拟的光泽感和手感，但其幅面有天然的限制性，且使用面积过大后也容易让人感觉单调，更建议将其用在背景墙部位，可起到提升室内整体品质感的作用。

①
―
②

① 不同颜色的天然皮革设计在沙发墙上，与皮质家具搭配，彰显品质感和高级感

② 天然皮革背景墙在搭配灯光后，丰富的光影变化使其更具层次感

人造皮革大面积使用时不宜复杂

人造皮革有很多表面用压延法制作的款式，有立体圆形、菱形、做旧褶皱等多种纹路设计，追求华丽感或个性效果时，可选择用此类人造皮革做装饰。需注意的是，当皮革的纹理较突出时，造型则不宜过于复杂，最好以简洁的大块面为主。

①
②

① 将表面略带做旧感和褶皱的人造皮革床背板与背景墙设计融为一体，个性且不乏高级感

② 湖蓝色人造皮革设计的硬包背景墙，搭配白色软装，复古而高雅

皮革施工工艺与构造

　　皮革在室内常被用来制作软、硬包，常见的做法有两种：一种是预制铺贴法，只适合做硬包造型；一种是直接铺贴法，是目前最主要的软硬包安装方式。直接铺贴法又可以分为干挂法和胶粘法。

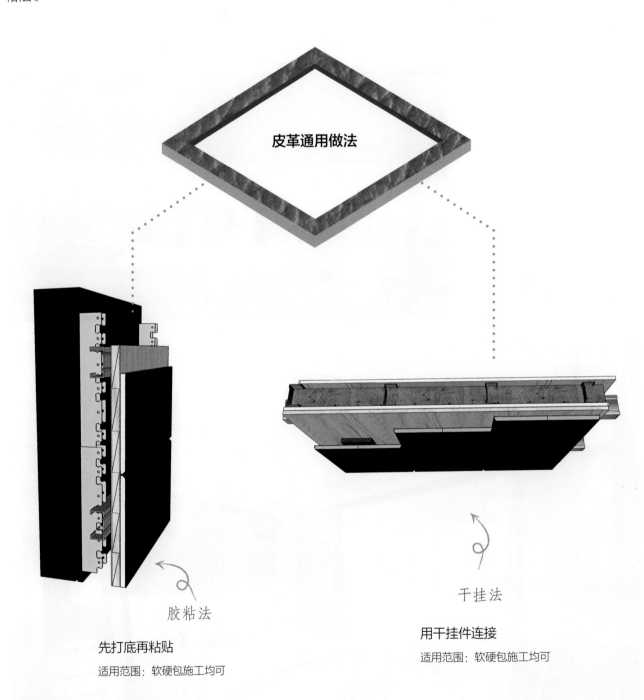

皮革通用做法

胶粘法

先打底再粘贴

适用范围：软硬包施工均可

干挂法

用干挂件连接

适用范围：软硬包施工均可

胶粘法

　　胶粘法是目前国内最主要的安装软硬包的方式，因为相较干挂法，它的安装速度快、成本也低。好一点儿的项目会使用结构胶、环保胶等。但是在一些要求较高的项目中，胶粘的做法是被禁止的。

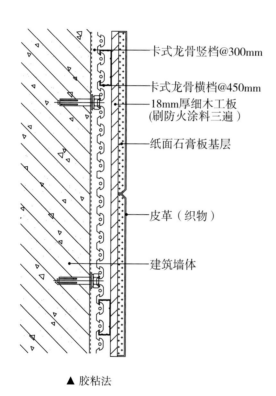

卡式龙骨竖档@300mm

卡式龙骨横档@450mm

18mm厚细木工板
(刷防火涂料三遍)

纸面石膏板基层

皮革（织物）

建筑墙体

▲ 胶粘法

做　法

把软、硬包做成成品，通过胶黏剂固定在基层板上

优　点

成本更低，安装更快

缺　点

使用的胶黏剂中会含有甲醛

注意事项

使用面积越大，对胶黏剂的要求越高

做 法

把软硬包做成成品，通过挂条将软硬包固定在基层板上

优 点

更牢固、更安全

缺 点

对完成面要求高，成本更高

干挂法

干挂法对于面积较大的施工项目是非常适合的，相对于胶粘法会更加牢固、安全，所以只在高要求的项目中才会使用干挂法。

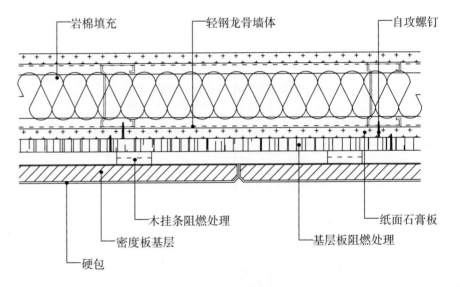

岩棉填充　　轻钢龙骨墙体　　自攻螺钉

木挂条阻燃处理　　　纸面石膏板

密度板基层　　基层板阻燃处理

硬包

▲ 干挂法

拓展阅读

皮革软硬包的工艺流程

不管后期采用哪种节点做法，软硬包对基层的平整度都有非常高的要求。因此在开始做时，应该对木基层或石膏板基层进行平整度验收。使用皮革制作硬包板时应将布料绷紧，以免日后硬包板表面出现褶皱。必要时可以在皮革上涂刷胶水进行粘接，但胶水不能过多。

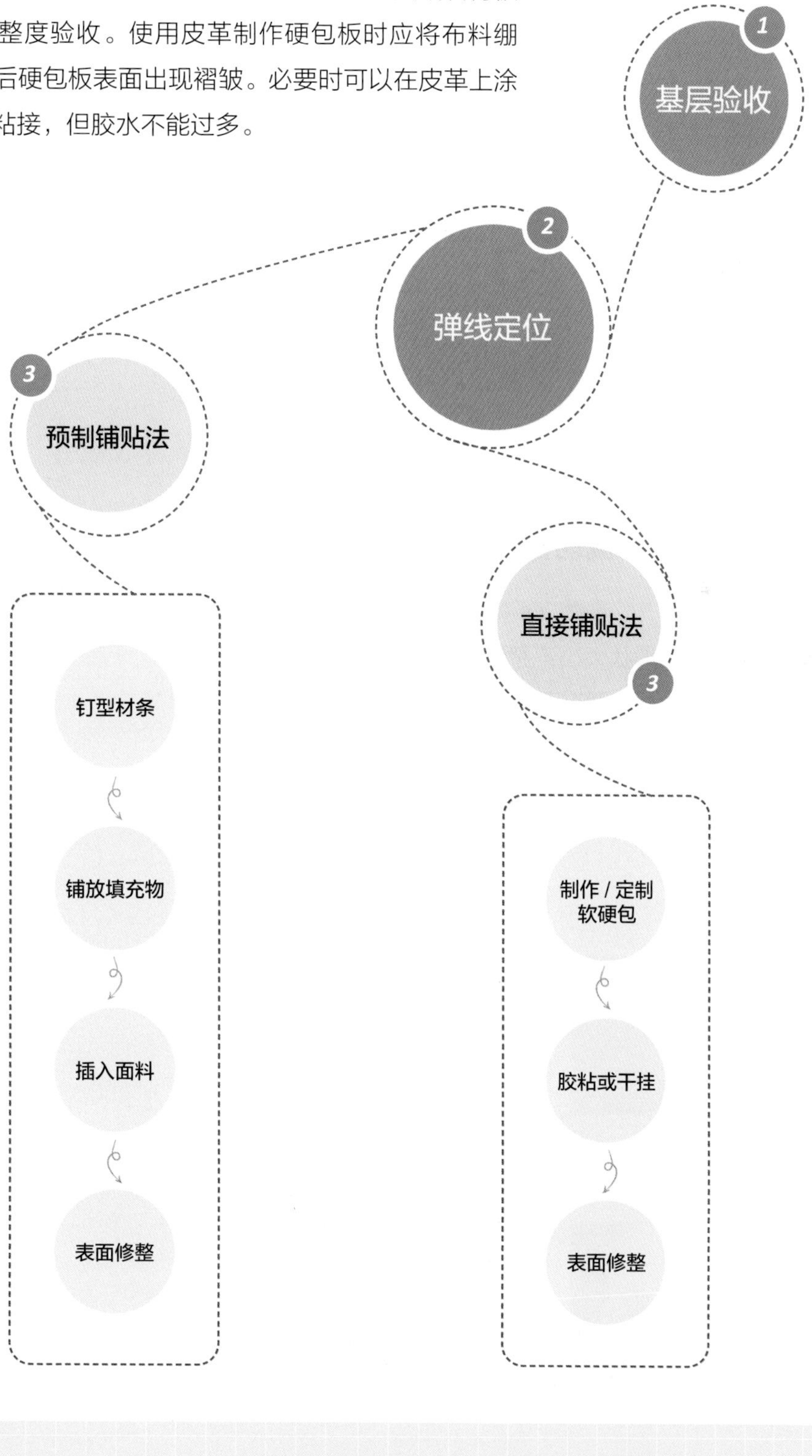

1 基层验收

2 弹线定位

3 预制铺贴法

3 直接铺贴法

钉型材条

↓

铺放填充物

↓

插入面料

↓

表面修整

制作 / 定制软硬包

↓

胶粘或干挂

↓

表面修整

天然皮革

天然皮革是经脱毛和鞣制等物理、化学加工所得到的已经变性、不易腐烂的动物皮。天然皮革是由天然蛋白质纤维在三维空间紧密编制构成的，其表面有一种特殊的粒面层，具有自然的粒纹和光泽，手感舒适。

天然皮革的优点

☑ 透气性能好

天然皮革表面布满很多细毛孔，透气性能好。表面纹路自然，平整细腻，手感良好。

☑ 柔软度好，染色性佳

天然皮革柔软度佳，具有光泽，成型后不易变形，并且染色性能好，具备可塑性，纹路色彩丰富。

天然皮革的缺点

☑ 裁切损耗大

天然皮革物性不一，有部位差别，形状大小不整齐，裁切损耗大，费时且表面有天然瑕疵。

☑ 容易发霉

天然皮革容易发霉。浸水易膨胀，干后收缩，面积尺寸不稳定。

天然皮革与人造皮革的区别

天然皮革

原　　料：动物皮
质　　感：表面有毛孔，摸起来舒适

人造皮革

原　　料：PU、PVC
质　　感：没有毛孔，手感相对较差

天然皮革的材料分类

按原料分类

按层次分类

猪皮革

猪皮革的结构特点是真皮组织比较粗糙、不规则，毛根深且穿过皮层到脂肪层，因而皮革毛孔有空隙，透气性优于牛皮，但皮质粗糙、弹性欠佳

牛皮革

牛皮革是以生牛皮经过化学处理及物理加工，转变为一种不易腐烂、具有柔韧和透气等性能的产品

羊皮革

羊皮革是用山羊皮鞣制加工后制成的一类皮革，羊皮革的表面有较好的光泽且具有清晰的纹路，皮革在经过加工后会有更好的耐磨性，因此羊皮革制品比较耐用且易于打理。另外羊皮革也具有一定的保暖性

马皮革

马皮革毛孔呈椭圆形，但不明显，毛孔比牛皮革略大，斜入革内呈山脉形状，有规律排列，革面松软，色泽昏暗，不如牛皮革光亮

头层革

厚皮用片皮机剖层而得，头层做头层革

二层革

厚皮用片皮机剖层而得，头层做头层革，二层经过涂饰或贴膜等系列工序制成二层革，其牢度、耐磨性较差，是同类皮革中较廉价的一种

材料施工工艺

☑ 天然皮革软硬包与木饰面衔接

◎ 木饰面与暖色软硬包的衔接，可以使空间显得轻快活泼而又不失空间层次，作为客厅或卧室的背景墙是一个很好的选择。

◎ 室内空间中，木饰面与硬包衔接也是较为常见的一类室内节点，两种材料的"碰撞"，可以美化整体的装饰效果。当然，两者衔接时应注意室内面积的大小，避免产生局促感。

◎ 成品硬包安装时先在安装硬包处固定多层板作为硬包的基层，再将皮革硬包用专用胶与多层板贴合。

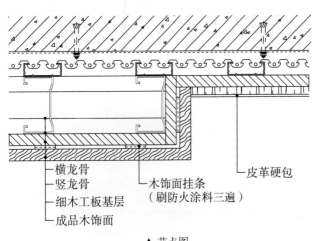

横龙骨
竖龙骨
细木工板基层
成品木饰面
木饰面挂条
（刷防火涂料三遍）
皮革硬包

▲ 节点图

材料替换

壁纸、布艺替代皮革

软硬包的做法是一模一样的，若皮革用于墙面硬包制作，可以用壁纸或布艺材料代替，以此改变室内氛围。但是要注意，壁纸材料只能用在硬包上。

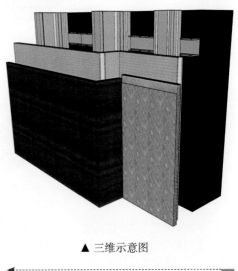

▲ 三维示意图

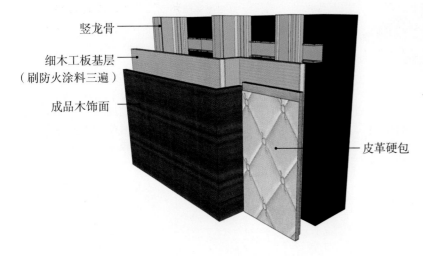

竖龙骨
细木工板基层
（刷防火涂料三遍）
成品木饰面
皮革硬包

▲ 三维示意图

▲ 实景效果图

方案一

　　在平和的象牙白与高雅的绅士灰组成的卧室中，一切看上去显得那么平静。令人感到舒适的布艺床品，似有天然触感的皮革硬包和温暖的长绒地毯，在提供舒适休憩环境的同时又能展现空间的欧式情调。

方案二

　　硬包并不只是欧式风格的专属，用黑色的皮革包裹墙面，或许能够呈现不一样的现代之感。蓝色的分隔线条，看似不规则的切割，却摆脱了呆板的感觉，将沉闷的硬包变成带有个性的装饰。

▶ 实景效果图

PVC人造皮革

PVC 人造皮革是聚氯乙烯人造革的简称，也称 PVC 革，是在织物上涂覆 PVC 树脂、增塑剂、稳定剂等助剂制成的，或者再覆合一层 PVC 膜，然后经一定的工艺过程加工制成。

PVC 人造皮革的优点

☑ 外观上与天然皮革相似

PVC 人造皮革革面粒纹细致，颜色均匀一致，无起层、裂面现象。并且在组成、外观上与天然皮革很相似，几乎可在任何使用天然皮革的场合取而代之。

☑ 装饰效果好

PVC 人造皮革有一定强度、韧性、弹性、耐磨度，并且装饰效果好、图案色彩丰富、环保阻燃、质轻、易加工。

PVC 人造皮革的缺点

☑ 透气性差

PVC 人造皮革透气性差，低温变硬而导致屈挠性差，产生龟裂和耐滑性差，手感不佳。

☑ 手感不如真皮

PVC 人造革是在织物上涂覆由 PVC 树脂、增塑剂、稳定剂等助剂制成的糊，或者再覆盖一层 PVC 膜，然后经一定的工艺过程加工制成的，虽然成本低，但大多数手感和弹性仍无法达到真皮的效果。

PVC 人造皮革与 PU 合成革的区别

PVC 人造皮革

特　　　点：价格低廉、色彩丰富、花纹繁多

浸泡汽油区分：会变硬、变脆

PU 合成革

特　　　点：价格低廉、色彩丰富、花纹繁多

浸泡汽油区分：不会变硬、变脆

注：PVC 人造皮革与 PU 合成革看上去很相似，故在此进行比较

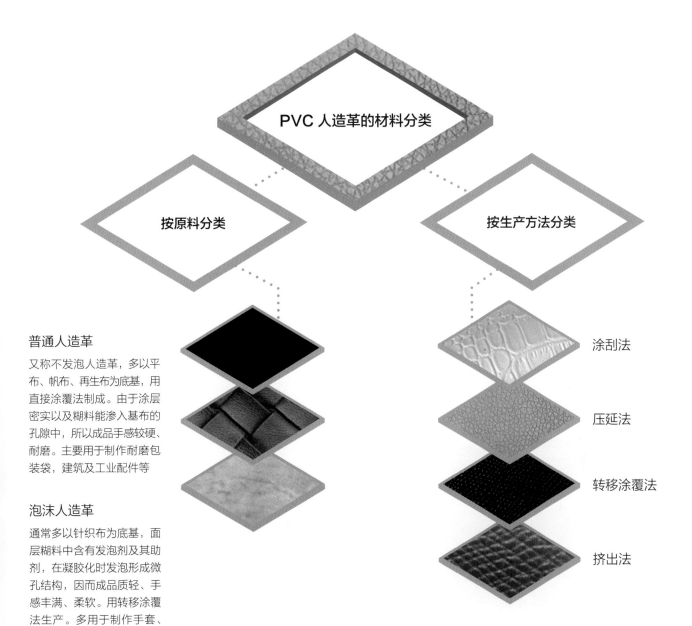

PVC 人造革的材料分类

按原料分类

按生产方法分类

普通人造革

又称不发泡人造革，多以平布、帆布、再生布为底基，用直接涂覆法制成。由于涂层密实以及糊料能渗入基布的孔隙中，所以成品手感较硬、耐磨。主要用于制作耐磨包装袋，建筑及工业配件等

泡沫人造革

通常多以针织布为底基，面层糊料中含有发泡剂及其助剂，在凝胶化时发泡形成微孔结构，因而成品质轻、手感丰满、柔软。用转移涂覆法生产。多用于制作手套、包、袋、服装及家具

绒面人造革

俗称人造麂皮。人造革凝胶化后的微孔面层，经砂辊研磨后即可制成磨面绒面革。涂覆层经起毛辊起毛并拉伸可制得卷曲绒面革。适于用作运动鞋的包头和镶边材料

涂刮法

压延法

转移涂覆法

挤出法

材料施工工艺

☑ PVC 人造皮革软包墙面施工工艺（混凝土基层）

◎ 软包墙面的主要材料不同，会使墙面有着不一样的功能特点，选购软包材料时应先确定墙面的功能，再对材料进行购买。

◎ 按设计要求将软包布料及填充料进行剪裁，布料和填充料在干净整洁的桌面上进行裁剪，布料下料时每边应长出 50mm 以便包裹绷边。

◎ 将阻燃基层板用螺钉固定在竖龙骨上，按分格线用气钉将阻燃衬板固定在阻燃基层板上，衬板应平整，且钉帽不得突出板面。踢脚板在衬板底部与地面完成面相贴。

◎ 软包墙面具有吸音降噪、恒温保暖的优势，用在卧室墙面时，可以营造出温暖、安静的休息环境。此外，软包墙面还可以应用在室内客厅或者办公场所的会客室中。

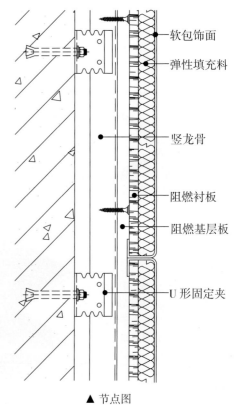

▲ 节点图

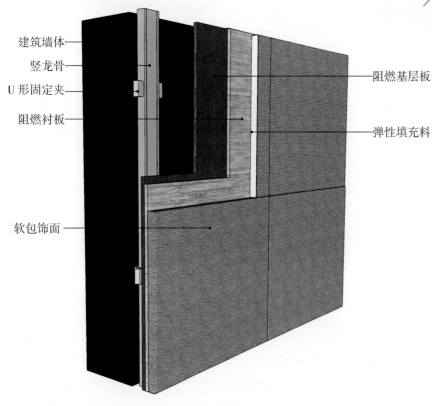

▲ 三维示意图

▲ 实景效果图

方案

　　案例中主卧床没有放置床头板，床与背景墙的软包直接连接在一起，视觉上墙面与床的整体感被加强，几何切割的软包面有着低调的现代感。整个卧室的色彩不多，相近的色彩出现在皮革、布艺和金属材料上，却有着冷暖不一的感觉，这也让色彩不多的卧室拥有丰富的层次感。

☑ PVC 人造皮革硬包墙面施工工艺（混凝土基层）

◎ 硬包墙面相较软包墙面舒适度较低，但价格便宜且不易脏污，作为客厅的背景墙是一个很好的选择。此外，硬包墙面在高档酒店、会所、KTV 等商业建筑内也较为常见。

◎ 若要得到一个施工效果较好的硬包墙面，应先准备好安装图纸，并标记出每块硬包对应的安装位置及安装方向，保证安装过程不出现误差。

◎ 安装龙骨时用膨胀螺栓将卡式龙骨固定在混凝土墙上，中距 450mm，安装轻钢龙骨与卡式龙骨卡槽连接固定，中距 300mm。

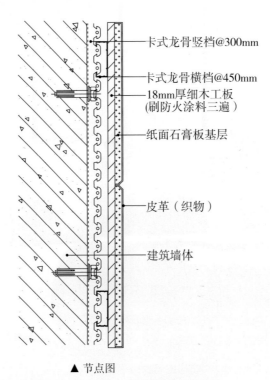

卡式龙骨竖档@300mm

卡式龙骨横档@450mm

18mm厚细木工板
(刷防火涂料三遍)

纸面石膏板基层

皮革（织物）

建筑墙体

▲ 节点图

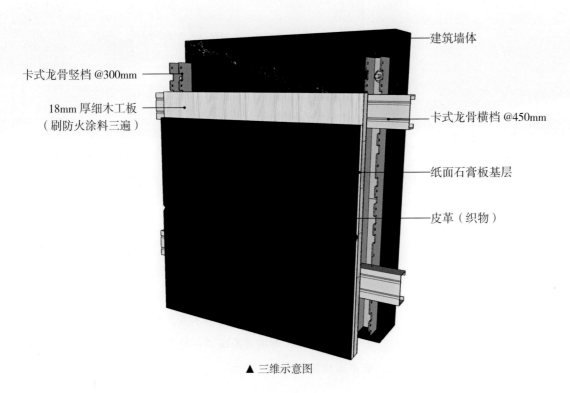

卡式龙骨竖档 @300mm

18mm 厚细木工板
（刷防火涂料三遍）

建筑墙体

卡式龙骨横档 @450mm

纸面石膏板基层

皮革（织物）

▲ 三维示意图

案例中主卧的设计选用欧式曲线感家具，卷曲的纹理渲染着穆雅的居室氛围。木质、布艺、软包材料的运用增加了质感的丰富性，空间内的美感由饰面上的纹理一层层地延展开，带来优雅、精致的氛围。

▲ 实景效果图

材料收口

硬包与乳胶漆平顶交接（侧缝）

① 由于其材质特殊，在施工时要注意工序、材料保护和成品保护。

② 硬包布料和基层热胀冷缩，布面容易松弛。对选材要求较高，安装时选单层布，拉紧布面。

③ 软硬包做成活动式，容易安装维修。

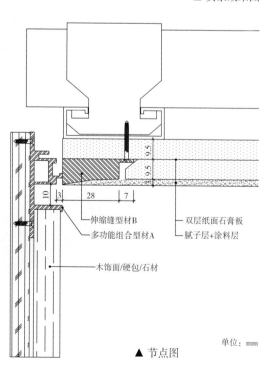

伸缩缝型材B
多功能组合型材A
双层纸面石膏板
腻子层+涂料层
木饰面/硬包/石材

单位：mm

▲ 节点图

☑ PVC 人造皮革软硬包与不锈钢衔接

◎ 成品不锈钢是一种不锈钢复合的装饰型材，由不锈钢面板和高强内衬复合压制而成，无需烦琐的工序制作，且安装简便，只需安装挂件后直接进行挂装即可。

◎ 成品不锈钢背面同样用螺钉在相应位置固定木挂条，并与多层板上的木挂条相嵌合。

◎ 用专用胶固定安装软硬包，安装时不锈钢折边，软硬包压不锈钢，同时预留出工艺缝。

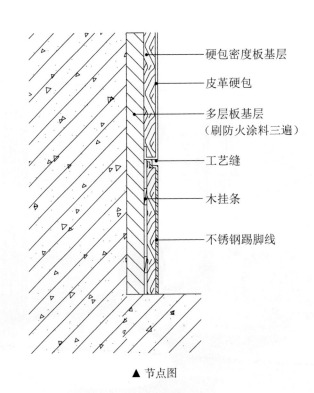

硬包密度板基层

皮革硬包

多层板基层
（刷防火涂料三遍）

工艺缝

木挂条

不锈钢踢脚线

▲ 节点图

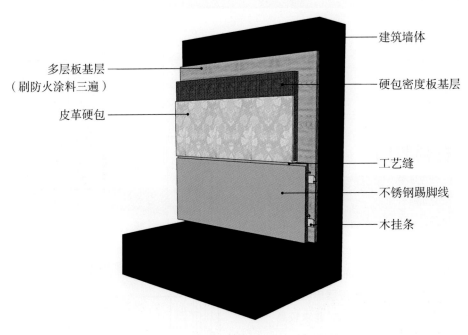

建筑墙体

多层板基层
（刷防火涂料三遍）

硬包密度板基层

皮革硬包

工艺缝

不锈钢踢脚线

木挂条

▲ 三维示意图

方案一　　　案例中在背景墙上局部使用硬包修饰，这样既不会破坏简约感又能增添古典、雅致感。顶面、地面可以采用简单的装饰设计，避免复杂造型带来兴奋感而影响休憩。窗帘的颜色可以选择与墙面相呼应的色彩，其他布艺的选择可以参考家具的选择，相互映衬。

▶ 实景效果图

方案二　　　案例中卧室背景选择皮革硬包造型墙，将空间层次分离出来，简单而不失品质。象牙白基调的卧室，通过软装载入矜贵的孔雀蓝色，附着于皮质、布艺材料之上，让色彩的冷暖与材质的刚柔相融，展现出优雅的生活美学。金色出现在分割硬包的不锈钢上以及床头板的描边上，增添着精致而又优雅的感觉。

PU合成革

PU 合成革是由聚氨酯成分的表皮制成的皮革。现在广泛用于做箱包、服装、鞋、车辆和家具的装饰，它已日益得到市场的肯定，其应用范围之广，数量之广，品种之多，是传统的天然皮革无法满足的。PU 合成革其质量也有好坏之分，好的 PU 合成革甚至比真皮价格还昂贵，定型效果好，表面光亮。

PU 合成革的优点

☑ 更接近皮质面料

PU 合成革的手感和某些物理性能更接近真皮面料，不会变硬、变脆，同时色彩丰富，花纹繁多。

☑ 低温下性能良好

PU 合成革在低温下仍具有较好的拉伸强度，有较好的耐光老化和耐水解稳定性。

PU 合成革的缺点

☑ 不如真皮透气

PU 合成革是一种人造的合成材料，具有真皮的质感，但是不如真皮耐磨和透气。

☑ 不耐磨、易破

PU 合成革外观漂亮、好打理，但是不耐磨，容易破损。

PU 合成革与天然皮革的区别

PU 合成革

柔 软 度：较硬

燃烧测试：熔融燃烧，表面冒小气泡

天然皮革

柔 软 度：非常柔软

燃烧测试：散发毛发气味，不结硬疙瘩

PU 合成革的材料分类

按表面工艺分类

磨面

对半成品表面进行磨削的工艺

揉纹

在一定条件下，通过曲绕、振摔打等反复机械力作用，使合成革表面形成花纹或使花纹凹凸感更清晰的工艺

压花

通过机械对合成革进行挤压的工艺

印刷

通过模具，将浆料转印到合成革表面的工艺

抛光

利用机械，以摩擦的方式对合成革表面进行部分打磨的工艺

烫金

用转移膜的模具上的图案压印到合成革表面的工艺

冲孔

利用机械，在人造革或合成革上冲出孔的工艺

按生产工法分类

干法

干法生产出的合成革强力优异，粘接牢固，但透气性能相对较差。该类合成革主要用于制造球类、箱包、家具装饰品等

湿法

湿法生产出的合成革具有良好的透湿、透气性能，手感柔软、丰满、轻盈，更富于天然皮革的风格和外观，主要用于制造鞋业、服装等

材料施工工艺

✒ PU 合成革软包墙面施工工艺（轻钢龙骨基层）

◎ 软包面料可以选择具有一定花纹图案和纹理质感的材料，不同图案产生的效果不同，不同的角度，图案也会发生不一样的变化，从而丰富室内风格。

◎ 粘贴填料海绵时应避免使用含腐蚀成分的胶黏剂，以免腐蚀材料，导致海绵厚度减少、底部发硬，使软包不饱满。所以粘贴海绵的胶黏剂应使用中性或不含腐蚀成分的。

◎ 按图纸要求将软包布料及填充料进行排版分割，尽量做到横向通缝、板块均等。在菱形拼花时需考虑布料幅宽降低损耗，尖角角度不宜太小。

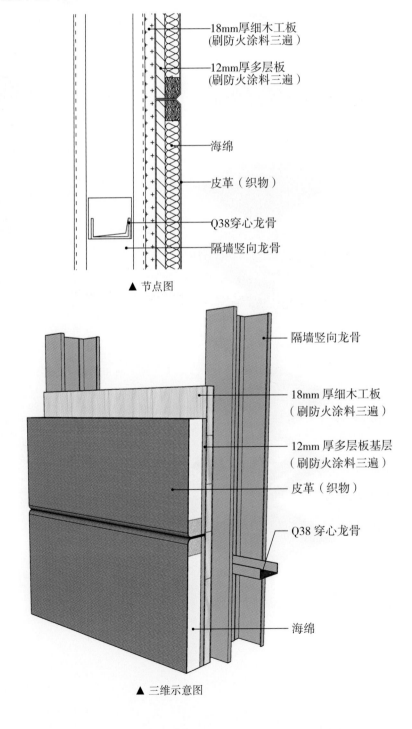

18mm厚细木工板
(刷防火涂料三遍)

12mm厚多层板
(刷防火涂料三遍)

海绵

皮革（织物）

Q38穿心龙骨

隔墙竖向龙骨

▲ 节点图

隔墙竖向龙骨

18mm 厚细木工板
（刷防火涂料三遍）

12mm 厚多层板基层
（刷防火涂料三遍）

皮革（织物）

Q38 穿心龙骨

海绵

▲ 三维示意图

方案一 案例中卧室温和舒缓的色调，浅雅柔美的材质选择，让整个环境氛围凝聚优雅气质。玫红色的软包既能体现浪漫的格调，又不过于张扬。软包上的金色嵌条是墙面的亮点，能够增添活跃感。

▶ 实景效果图

方案二 直线条的沙发有着现代风格的简约和干练，拉扣样式的软包却带着欧式古典感，有着优美曲线的贵妃椅让空间的线条变得丰富起来，视觉上也更添了柔和感。

▶ 实景效果图

☑ PU 合成革硬包墙面施工工艺（轻钢龙骨基层）

◎ 硬包墙面的面板一般采用密度板，用原木板材作面板时，一般采用烘干的红白松、椴木和水曲柳等硬杂木。

◎ 硬包墙面具有防霉防水、阻燃防火且耐磨的优势，与轻钢龙骨墙体结合后，能够有效地减轻墙面自重。

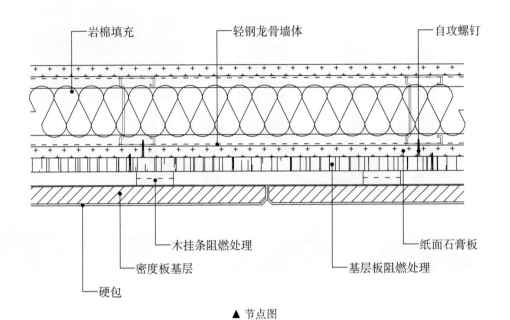

岩棉填充　　　　　　轻钢龙骨墙体　　　　　　自攻螺钉

木挂条阻燃处理　　　　　　纸面石膏板

密度板基层　　　　　　基层板阻燃处理

硬包

▲ 节点图

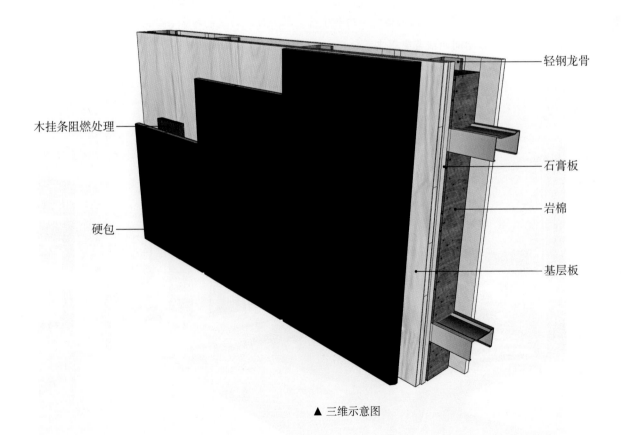

木挂条阻燃处理　　　　　　轻钢龙骨

石膏板

岩棉

硬包　　　　　　基层板

▲ 三维示意图

方案一

案例中线条简化的欧式特色家具虽然摒弃了洛可可主义的奢华复杂，但在细节处还是体现出西方文化的特色，以柔顺的线条勾勒出优雅迷人的魅力。背景墙以灰白色硬包被金属线条进行了几何分割，构建出优雅大方的层次感。

▲ 实景效果图

方案二

　　整个主卧的色彩淡雅统一，没有使用鲜艳的点缀色，而是用相近色营造出舒适温和的卧室环境。整个空间的线条流畅，给人以爽快的观感。简约的硬包造型和装饰线，搭配形成简约的欧式感。

方案三

　　甜美不甜腻的卧室设计，可以用白色、灰色和木色搭配浪漫甜美的少女粉，营造出温和且温馨的卧室氛围。曲线线条的单人床有着古典欧式的优雅，搭配上皮革硬包和繁复花纹的石膏线条修饰，空间的氛围变得精致起来。

▼ 实景效果图

第六章

板材

　　板材最早是指木工用的实木板，用作家具或其他生活设施的制造。随着科技的发展，在当今，板材的种类越来越多，定义也越加广泛。如今的板材不仅可用于家具、构件等基层部分的制作，还有一些可用作面层的装饰。在设计时，配以不同的组合方式，可营造出不同的视觉效果。

板材基础知识

在室内装饰工程中，可使用的板材种类繁多，如胶合板、木工板、密度板等，但总体来说，它们可归纳为基层结构板材和饰面板材两大种类。两者的界限并不十分严格，某些基层结构板材因其独特的表面肌理，也会被设计师用作表面装饰。

板材常见分类

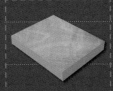

胶合板

特点：强度较大、抗弯性能好、握钉力强、稳定性强、价格适中

用途：可用于墙面、柱面、地面，活动家具的基层板材

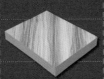

木工板

特点：握钉力好、强度高，有一定的吸音、绝热效果

用途：可用于木框架、门套、柜体底板、窗帘盒、吊顶侧板等

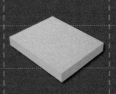

密度板

特点：平整度很高、可塑性很强、强度很高、韧性很强

用途：固定家具、活动家具的基层板材、饰面板材基层、门板

科定板

特点：表面平滑、手感接近木纹、可改造原木材缺陷

用途：可用于墙面、柱面、地面，活动家具的基层板材

指接板

特点：环保度高、工方便、塑性强、用性比其人造板材

用途：主要用在具领域，如家具板、抽扶手等

价格 /（元 / m²）

— 3000

吸音板

特点：吸音降噪、
稳定性好、
抗冲击能力
好、有丰富
的颜色可供
选择

用途：主要用于对
隔音有较高
要求的场所

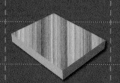

防火板

特点：表面毛孔小
不易被污
染，耐溶剂
性、耐水性、
耐药品性、
耐焰性强

用途：主要用在对
防火有要求
的场所

免漆板

特点：具有天然
质感，木
纹清晰，
可以与原
木媲美。
离火自
熄、防潮

用途：用于各种
风格室内
空间中墙
面造型以
及家具的
制作

— 2000

原木板

特点：纹理自
然、质感
天然、但
是价格昂
贵、怕火

用途：一般用在
活动家具
上，装饰
构造和固
定家具很
少使用

生态树脂板

特点：可回收、无
毒，重量是
玻璃的 1/2

用途：主要运用在
公共建筑与
家居装饰
中，如吊顶
面板、背景
墙、隔断、
橱柜门板等

— 500
— 475
— 450
— 425
— 400
— 375
— 350
— 325
— 300
— 275
— 250
— 225
— 200
— 175
— 150
— 125
— 100
— 75
— 50
— 25
— 0

板材设计搭配

不同板材可以营造不同的氛围效果

在进行板材的选择时，如想要营造温馨且自然的效果，给人以质朴的空间感受，可以选择黄色系的款式，包括米黄色系、茶色系、棕色系等。同时，如想要文静的效果，可选直纹的款式；想要活泼的效果，可选山纹的款式。

①
——
②

① 整个空间的主要材料是胶合板，从吊顶到书架都由胶合板制成，所以整个空间看起来比较统一。因为胶合板的抗弯曲性较好，所以将书架设计成曲线形，也能让空间在视觉上更有变化

② 在墙面应用中，吸音板不仅可以起到吸收声音、隔绝噪声的作用，而且可以利用特殊的拼接方式，达到不错的装饰效果

板材的纹理也能影响氛围

　　一些纹理较淡的板材，大面积使用时很容易显得单调；而色彩较厚重的板材，大面积使用则容易显得过于沉闷。此时，可以适当地用一些造型或灯光来增加层次感，造型并不一定要夸张，就可以取得不错的效果，例如将其与暗藏灯结合设计。

<table>
<tr><td>①</td></tr>
<tr><td>②</td></tr>
</table>

① 胶合板、刨花板、奥松板的表面纹理较好，所以可以直接铺装，不做任何表面处理，也能有不错的装饰效果

② 整个空间的色彩较淡，所以原木色的板材橱柜就显得非常突出，石材台面与板材橱柜是非常天然的组合，给人干净、自然的感觉

板材施工工艺与构造

　　常见的板材安装方式分为胶粘和干挂，从耐久性上看，干挂法比胶粘法要好，但从成本来看，胶粘法要比干挂法成本低。从安全性来看，两者基本没有差别，所以在国内，胶粘法是最常使用的安装方法。

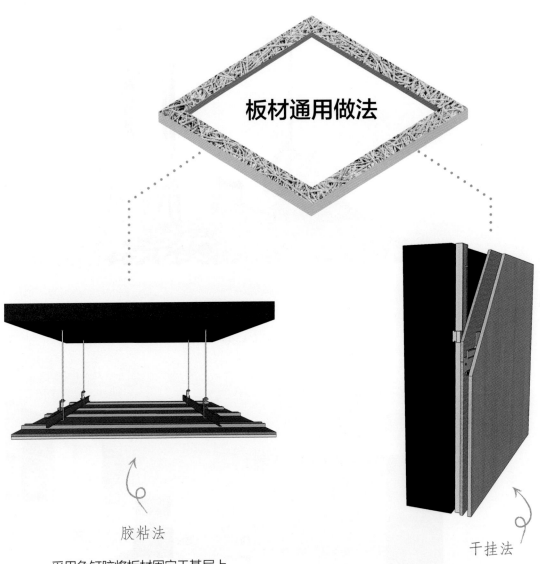

板材通用做法

胶粘法

采用免钉胶将板材固定于基层上

适用范围：一般用于墙面、柱面、顶面

干挂法

采取干挂件固定板材的安装方法

适用范围：一般用于墙面、柱面，也可以用于顶面

胶粘法

胶粘法是指用免钉胶或液体钉把板材固定在基层上，这种固定方式是目前国内最常见的方式，适用于所有面积较小、板材较薄且需满铺的情况下。

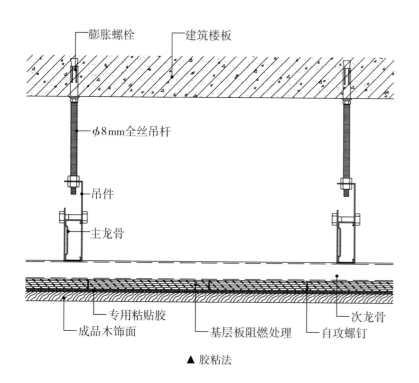

- 膨胀螺栓
- 建筑楼板
- φ8mm全丝吊杆
- 吊件
- 主龙骨
- 专用粘贴胶
- 成品木饰面
- 基层板阻燃处理
- 次龙骨
- 自攻螺钉

▲ 胶粘法

做 法

采用免钉胶将板材固定于基层上

优 点

操作简便、安装快捷、安装成本低、完成面厚度较小

缺 点

对基层平整度要求较高

注意事项

在板材高度不大于3500mm的情况下，直接用硅酮玻璃胶也可以

干挂法

　　干挂法是指采取干挂件固定板材的安装方法。这种方法适用于面积较大，板材较厚、较重的场合。根据干挂件的不同，干挂法又可以分为木挂件法和金属挂件法两类。

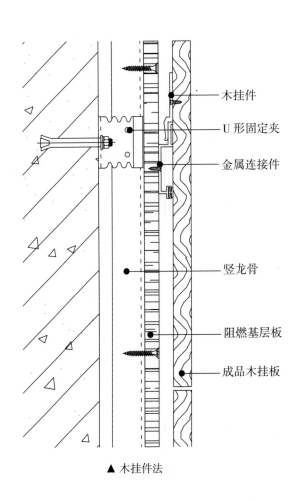

木挂件

U 形固定夹

金属连接件

竖龙骨

阻燃基层板

成品木挂板

▲ 木挂件法

做　法

固定板材的挂件使用
木质挂件

优　点

适用范围广、可调节性
好、来源广、成本低

缺　点

不防潮、耐久性差

注意事项

该种做法不建议在特
别潮湿的空间中使用

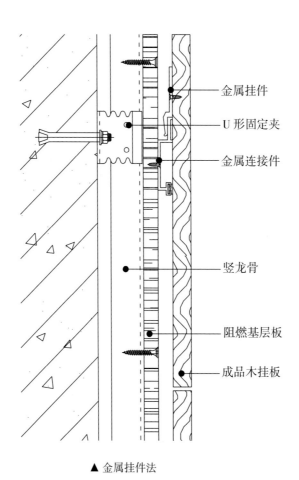

金属挂件

U 形固定夹

金属连接件

竖龙骨

阻燃基层板

成品木挂板

▲ 金属挂件法

做　法

固定板材的挂件使用金属挂件

优　点

性能好、不怕潮、耐久性好

缺　点

安装做法与木挂件相同，但成本更高

注意事项

如果没有特殊情况，一般用在特别潮湿的空间

吸 音 板

吸音板是指板状的具有吸音降噪作用的材料。吸音板的表面有很多小孔，声音进入小孔后，便会在结构内壁中反射，直至大部分声波的能量被消耗转变成热能，由此达到吸音的功能。

吸音板的优点

☑ 优秀的吸音性

多种材质根据声学原理合理配合，具有出色的吸音降噪性能，对中、高频吸音效果尤佳。

☑ 良好的装饰性

产品的装饰性极佳，可根据需要饰以天然木纹、图案等多种装饰效果，提供良好的视觉享受。

吸音板的缺点

☑ 占空间大

如果板材的厚度增多，贴到界面上，就会额外多占用空间，让室内空间的净高 / 宽变小。

☑ 价格相对较贵

相比其他板材的价格，吸音板的价格算是比较昂贵的。

吸音板与隔音板的区别

吸音板

材　　料：	多孔材料
隔音效果：	通过延长声波的空间来达到降噪的效果
重　　量：	重量较轻

隔音板

材　　料：	高密度材料
隔音效果：	以隔音为主，隔音板的密度越高声音越不容易穿透
重　　量：	重量较重

注：吸音板和隔音板在名字上非常相近，故在此进行比较。

吸音板的材料分类

按制作材料分类

按结构分类

木质吸音板

根据声学原理精致加工而成，由饰面、芯材和吸音薄毡组成。木质吸音板分槽木吸音板和孔木吸音板两种

矿棉吸音板

表面经过处理的滚花型矿棉板，俗称"毛毛虫"，表面布满深浅、形状、孔径各不相同的孔洞

布艺吸音板

表面是布艺，核心材料是空心玻璃棉

木丝吸音板

结合了木材与水泥的优点，如木材般质轻，如水泥般坚固

聚酯纤维吸音板

是一种理想的吸音装饰材料，其原料 100% 为聚酯纤维

吸音尖劈吸音板

是一种用于强吸音场的特殊吸音结构材料，采用多孔性（或纤维性）材料成型切割，制作成锥形或尖劈状吸音体，坚挺不变形

扩散体吸音板

除了具有平面吸音板的所有功能以外，还能通过它的立体表面对音波进行不同角度的传导，消除音波在扩散过程中的盲区，改善音质、平衡音响、削薄重音、削弱高音对低音进行补偿

铝锋窝穿孔吸音板

构造结构为穿孔面板与穿孔背板，依靠优质胶黏剂与铝蜂窝芯直接粘接成铝蜂窝夹层结构，蜂窝芯与面板及背板间贴上一层吸音布

木质穿孔吸音板

有贯通于石膏板正面和背面的圆柱形孔眼，在石膏板背面粘贴具有透气性的背覆材料和能吸收入射声能的吸音材料等组合而成

材料施工工艺

✍ 吸音板顶棚施工工艺（暗龙骨）

◎ 暗龙骨的安装方式让板材顶棚表面缝隙较小，让人从下方看达到几乎无缝的效果。

◎ 在安装时要注意插片的深度，板间应连接紧密，不允许有明显的缺棱、掉角和翘曲现象。

◎ 安装边龙骨时采用 L 形边龙骨，与墙体用塑料胀管或自攻螺钉固定，固定间距应为 200mm。

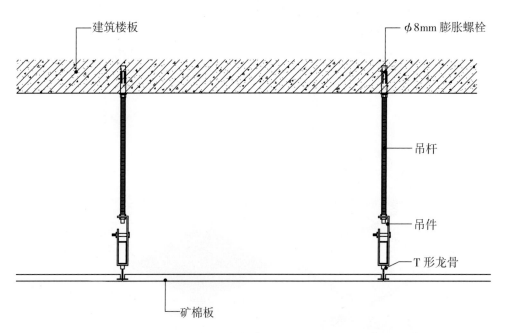

建筑楼板　　φ8mm 膨胀螺栓

吊杆

吊件

T 形龙骨

矿棉板

▲ 节点图

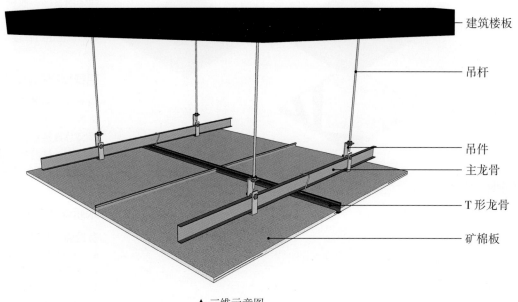

建筑楼板

吊杆

吊件

主龙骨

T 形龙骨

矿棉板

▲ 三维示意图

方案

　　案例中人工照明的设计结合了建筑内部的形状，线性的灯具贯穿了整个房间，包括可滑动半透明隔断的上方。照明设备被嵌在一层厚厚的隔音板中。隔音板由木棉保温层与水泥饰面组成，并采用原始的手法直接固定于天花板上。简单纯粹的材质也呼应了沉稳的铝制家具。

▲ 实景效果图

☑ 吸音板顶棚施工工艺（明龙骨）

◎ 根据设计图纸结合现场情况，将吊点位置弹在楼板上，龙骨间距和吊杆间距一般都控制在 1.2m 以内。

◎ 进行预排，一般可根据中分原则进行，若两边出现小块的矿棉板，可换一种排法，尽量使靠墙的板材大于 1/3 的宽度。

◎ 调平时要注意一定要从一端调向另一端，要做到纵横平直。

◎ 将龙骨吊装调直找平后，可将饰面板搁在由主、次龙骨组成的框内，板搭在龙骨上即可，但要注意饰面板的四边必须与龙骨紧密相贴，不能因翘曲留下可见缝。

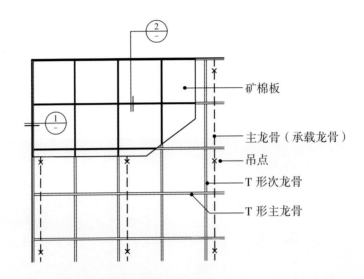

矿棉板顶棚（明龙骨）平面图

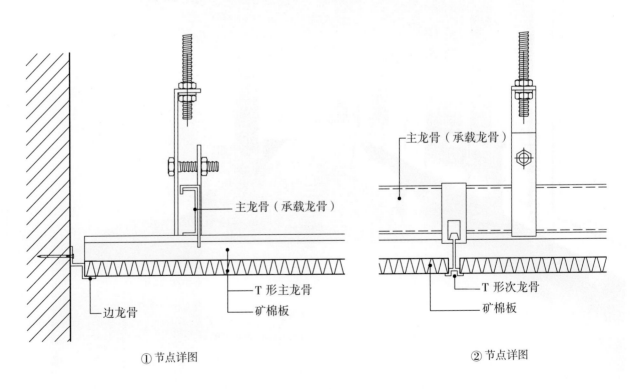

① 节点详图　　　　　　② 节点详图

▲ 节点图

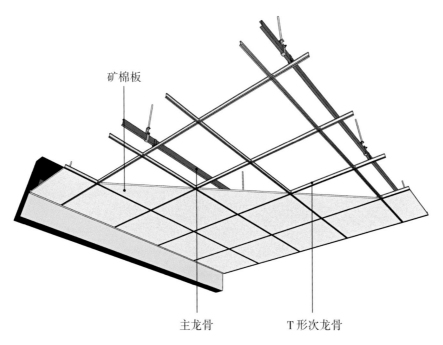

矿棉板

主龙骨　　　　T形次龙骨

▲ 三维示意图

方案　　对于隔音有要求的办公空间最好选择吸音板作为顶棚材料，如果没有特别多的装饰需求，那么吸音板和灯具形成的一体式顶棚是非常适合的，让空间看上去更加清爽，可提高工作效率。

▲实景效果图

✍ 吸音板墙面施工工艺（木龙骨基层）

◎ 吸音板墙面不光能起到隔音、阻声的效果，也可以有装饰效果。

◎ 木龙骨易于做造型，且易于安装，但因其不防潮和不防火的特性，通常运用于客厅、卧房中。

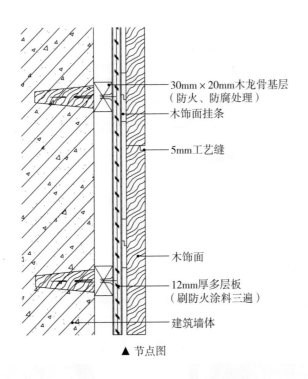

30mm×20mm木龙骨基层
（防火、防腐处理）

木饰面挂条

5mm工艺缝

木饰面

12mm厚多层板
（刷防火涂料三遍）

建筑墙体

▲ 节点图

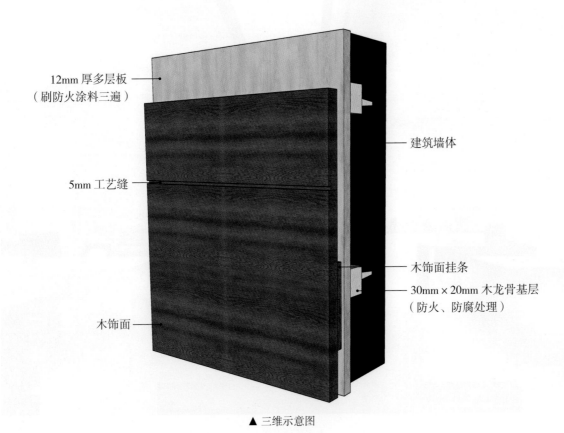

12mm 厚多层板
（刷防火涂料三遍）

建筑墙体

5mm 工艺缝

木饰面挂条

30mm×20mm 木龙骨基层
（防火、防腐处理）

木饰面

▲ 三维示意图

方案一

　　墙面安装的吸音板尺寸较大，但其优良的声学特性和保温功效都有所提高。多种色彩的吸音板，更是为空间带来无尽的、独一无二的装饰效果，并且根据设计需求，将吸音板拼接成不同的几何状图案，打破传统吸音板单一的设计形式。

▲实景效果图

　　案例中开放式的空间被隔墙分成不同的小空间，不同空间的上方都设置了穿孔隔音板，保证隔音效果。白色的隔墙和吸音板似乎融入了空间之中，让空间的割裂感不至于太强。深色木地板将空间的视线重心往下拉，让人忽略掉层高的问题。

▲ 实景效果图

材料收口

乳胶漆阴角收口

① 用材：伸缩缝型材；石膏板；乳胶漆。

② 注意事项：板材之间要预留伸缩缝，间距在 3mm 左右。

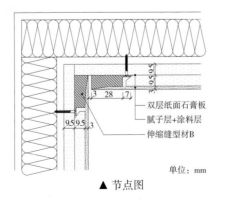

双层纸面石膏板
腻子层+涂料层
伸缩缝型材B

单位：mm

▲ 节点图

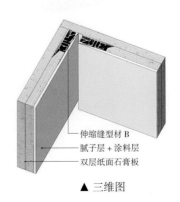

伸缩缝型材 B
腻子层 + 涂料层
双层纸面石膏板

▲ 三维图

　　案例中主厅左侧的高墙围合出小空间，用于更私密的礼拜仪式。与之相对的是宽敞的入口，体现了空间的开放性，消除了室内外的界限。室内的地面、墙体和天花均使用白色，搭配轻质木材，与建筑外观形成鲜明对比，营造了祷告室的氛围。其中，吸音木板确保大厅良好的声学效果，板面下是通风和制冷设备。

▶ 实景效果图

防火板

防火板又称耐火板，学名为热固性树脂浸渍纸高压层积板。它色泽鲜艳、款式多样，除纯色款式外，还能仿制如木纹、石材等多种纹理。但防火板无法创造凹凸、金属等立体效果，因此时尚感稍差。

防火板的优点

☑ 具有一定耐火性

防火板表面的光泽性、透明性能很好地还原色彩、花纹，有极高的仿真性。防火板只是习惯说法，但它不是真的不怕火，而是具有一定的耐火性。

☑ 耐光性好

防火板的耐光性好，优质防火板的耐光性能到6~7级，在经过若干年自然光照射或辐射后基本不会出现褪色现象。

☑ 耐高温、耐沸水性

防火板的耐高温及耐沸水性好，优质防火板在不被沸水或高温物体烫过以后基本不会留下烫伤、泛白的痕迹。

防火板的缺点

☑ 无法创造立体效果

由于防火板是采用硅质材料或钙质材料为主要原料，与一定比例的纤维材料、轻质骨料、黏合剂和化学添加剂混合经蒸压技术制成的装饰板材，所以无法创造凹凸、金属等立体效果，时尚感稍差。

☑ 形状变化有局限性

防火板是采用硅质材料或钙质材料为主要原料制成的，致使防火板在形状变化上、各种空间的适应上、设计要求上存在一定的局限性。

防火板与三聚氰胺板的区别

防火板

贴　　面：贴面有三层

工　　艺：高温高压制成

适用范围：防火级别较高的场所

三聚氰胺板

贴　　面：贴面有一层

工　　艺：黏合之后热压制成

适用范围：更多用于家装装修、家具等

防火板的材料分类

按制作材料分类

按贴面板种类分类

矿棉板、玻璃棉板

以矿棉、玻璃棉为隔热材料。其本身不燃，耐高温性能好，质轻

水泥板

水泥板材强度高，来源广泛。过去常用它做防火吊顶和隔墙，但其耐火性能较差，在火场中易炸裂穿孔、失去保护作用而使其应用受到一定限制

珍珠岩板、漂珠板、蛭石板

是以低碱度水泥为基材，珍珠岩、玻璃微珠、蛭石为加气填充材料，再添加一些助剂复合而制成的空心板材

防火石膏板

主要成分不燃且含有结晶水，耐火性能较好，可用作隔墙、吊顶和屋面板等

硅酸钙纤维板

是以石灰、硅酸盐及无机纤维增强材料为主要原料的建筑板材，具有质轻、强度高，隔热性、耐久性好，加工性能与施工性能优良等特点

氯氧镁防火板

属于氯氧镁水泥类制品，以镁质胶凝材料为主体、玻璃纤维布为增强材料、轻质保温材料为填充物复合而成，能满足不燃性要求，是一种新型环保板材

木纹防火板

采用仿木纹色纸经过加工而成，其表面可以多种多样，如油漆面、刷木纹

素色防火板

纯色防火板，价格相对较为便宜

金属防火板

表面由铝合金或其他金属复合在防火板之上，一般用于厨房或高档场所，其价格是普通木纹防火板的2~3倍

石材防火板

对珍贵石材纹路进行精细扫描，用最新的印刷技术，制成1：1大尺寸拟真石纹防火板

材料施工工艺

✍ 防火板墙面施工工艺（轻钢龙骨基层）

◎ 如果设计要求设置踢脚板，则应按照踢脚板详图先进行踢脚板施工。将地面凿毛、清扫后，立即洒水浇筑混凝土。

◎ 基层板进行阻燃处理，一般用 U 形固定夹将基层板与竖龙骨紧密贴合在一起，再用自攻螺钉进行固定。

◎ 安装基层板时从上往下或由中间向两头固定，为避免今后收缩变形，板与板拼接处应留 3~5mm 的缝隙。

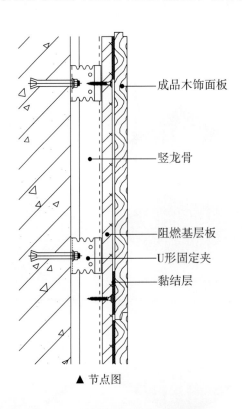

成品木饰面板
竖龙骨
阻燃基层板
U形固定夹
黏结层

▲ 节点图

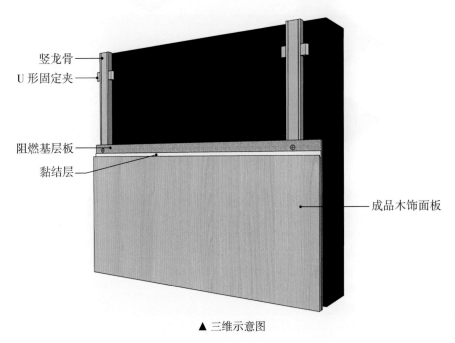

竖龙骨
U 形固定夹
阻燃基层板
黏结层
成品木饰面板

▲ 三维示意图

方案

案例中墙上的板材为透光防火板，日常状态为温和的木质面材，当内部照明开启后，则能作为展示灯箱使用，非常新颖。

▶ 实景效果图

✍ 防火板与乳胶漆衔接

◎ 防火板作为基础板材，其表层纹理有不错的装饰效果，与乳胶漆衔接，能形成非常朴素、简约的氛围。

◎ 侧面做板材时，要注意与石膏板之间留有一定的缝隙，以此来做收边，其尺寸可以根据情况来做具体的调整。

◎ 将双层 9.5mm 厚纸面石膏板用自攻螺钉将其与龙骨进行固定，在板材与石膏板交界处留 5~10mm 宽空隙，且石膏板满刮腻子三道。

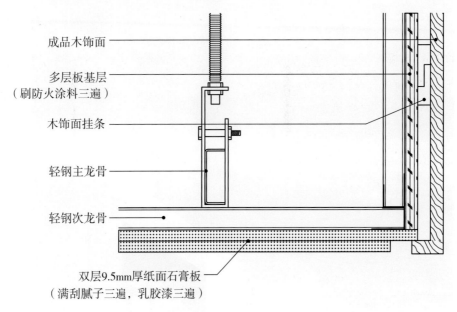

成品木饰面

多层板基层
（刷防火涂料三遍）

木饰面挂条

轻钢主龙骨

轻钢次龙骨

双层9.5mm厚纸面石膏板
（满刮腻子三遍，乳胶漆三遍）

▲ 节点图

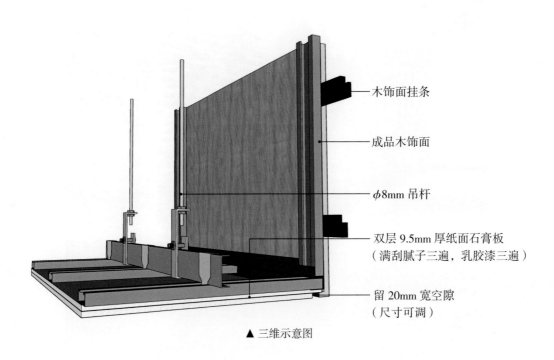

木饰面挂条

成品木饰面

φ8mm 吊杆

双层 9.5mm 厚纸面石膏板
（满刮腻子三遍，乳胶漆三遍）

留 20mm 宽空隙
（尺寸可调）

▲ 三维示意图

▼ 实景效果图

案例中入口处采用了锈蚀防火板背景墙和黑色乳胶漆，黑色的大门暗示了内部空间的静谧。门厅采用了灰色金属板贴面和木色地板，中性的色调作为进入研习大厅前的过渡。研习大厅则大面积地采用原木色木饰面，营造温馨放松的感觉。设计有意暴露出大厅中部的混凝土梁和柱，与木色墙面和定制家具形成鲜明的对比，给空间注入了一抹新鲜感。

材料收口

乳胶漆吊顶与木饰面墙面收口

① 施工要点：木饰面顶端工艺槽高度不宜过小，否则会影响油漆工找补施工，工艺槽尺寸可根据顶面高度适当调整，使常规 60° 视角墙顶交界面线能够弱化瑕疵效果。

② 装饰效果：干净、整齐。

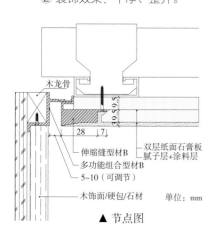

木龙骨

39.5 9.5

28　7

伸缩缝型材B　　双层纸面石膏板
多功能组合型材B　腻子层+涂料层
5~10（可调节）

木饰面/硬包/石材　　单位：mm

▲ 节点图

免漆板

免漆板，是新型的环保装饰材料，是将带有不同颜色或纹理的纸放入三聚氰胺树脂胶黏剂中浸泡，然后干燥到一定固化程度，再将其铺装在刨花板、防潮板、中密度纤维板、胶合板、细木工板或其他实木板材上面，经热压而成的装饰板，因此免漆板也常常被称作三聚氰胺板。

免漆板的优点

☑ 拥有天然质感

免漆板具有天然质感，产品设计制作考究，造型色泽搭配合理，木纹清晰，可以与原木媲美，世界上流行的木种应有尽有，且产品表面无色差。

☑ 性能好

具有离火自熄、耐洗、耐磨、防潮、防腐、防酸、防碱、不粘灰尘、不因为墙体潮湿而产生发霉发黑现象。

☑ 施工方便、工期短

施工方便，好锯好割，绝不破裂、修口修边使用免漆线条配套，用胶黏合，无需为打钉后补灰而烦恼，且不必油漆。

免漆板的缺点

☑ 对施工人员要求很高

在铺设时，不能磕磕碰碰，要处处小心，以免碰掉油漆。

☑ 封边易崩边

免漆板进行封边时容易崩边，所以只能封直边。

免漆板与烤漆板的区别

免漆板

基　　材：胶合板、细木工板等

表　　面：有清晰的实木纹理效果

烤漆板
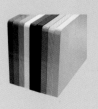

基　　材：多层板、塑料板、密度板等

表　　面：一般为纯色，表面呈现镜面效果

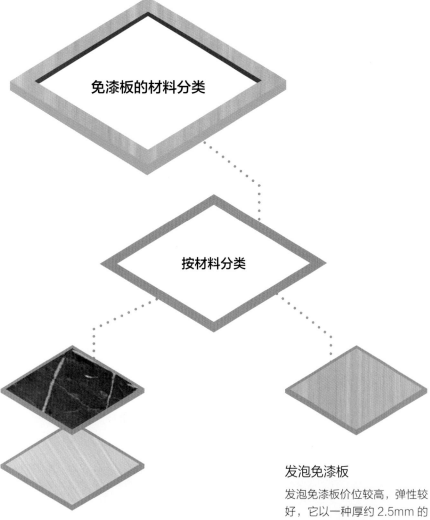

免漆板的材料分类

按材料分类

高分子免漆板

高分子免漆板价位很高，厚约 2mm，它的基体与面饰为一种高分子材料。做出的产品效果好、档次高，但做工和材料成本较高

高密免漆板

高密免漆板价位较低，它以 3mm 密板为基材，面饰一层吸塑膜

发泡免漆板

发泡免漆板价位较高，弹性较好，它以一种厚约 2.5mm 的发泡材料为基材，面饰一层免漆膜。做工上容易一些，但面层较软，成品使用时要小心

材料施工工艺

✍ 免漆板与不锈钢衔接

◎ 免漆板自带板材的厚实感，在空间中能够增添朴素的氛围感。

◎ 不锈钢的金属感强烈，这与板材免漆板的厚实感形成对比。

◎ 不锈钢与玻璃的特性相似，可以反射光线，故要求对工艺缝中的木饰面进行打磨处理。避免衔接处不平，影响美观。

◎ 选用 1.2mm 厚不锈钢面板并按图纸进行加工，备好不锈钢专用的黏结剂。

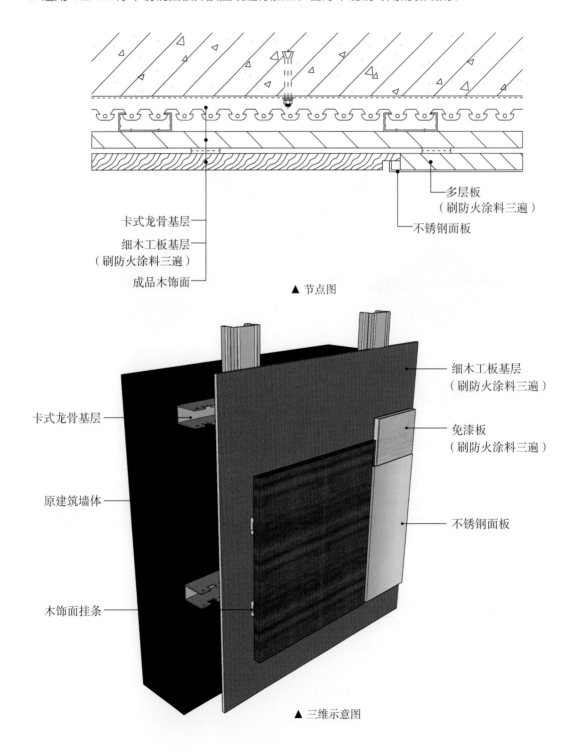

卡式龙骨基层

细木工板基层
（刷防火涂料三遍）

成品木饰面

多层板
（刷防火涂料三遍）

不锈钢面板

▲ 节点图

细木工板基层
（刷防火涂料三遍）

卡式龙骨基层

免漆板
（刷防火涂料三遍）

原建筑墙体

不锈钢面板

木饰面挂条

▲ 三维示意图

方案

　　以木饰面为主的办公空间，中间穿插着黑色免漆板，空间的层次突然有了变化。黑色的稳重与木色的温和，形成的办公氛围也有了不一样的感觉。

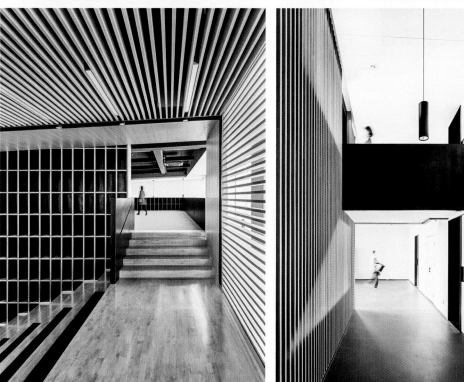

▶ 实景效果图

生态树脂板

生态树脂板，又名透光树脂板，是由一种非结晶型共聚酯经过高温层压工艺制成的，它具有优良的透光性能和阻燃性能，隔音，抗冲击，抗发黄，抗变形，抗化学腐蚀，轻盈，本身具有抗紫外线功能，表面硬度高，可以任意造型。

生态树脂板的优点

☑ 抗 UV

表面硬度高，耐刮擦，耐划痕，可以进行表面修复处理；优良的抗化学品腐蚀性，不发黄，抗老化，本身具有抗 UV 功能。

☑ 可任意造型

力学性能强，可以任意造型设计，冷弯和热弯无应力且不泛白，最小弯曲半径为板材厚度的 100 倍（亚克力的最小弯曲半径是厚度的 350 倍）无裂纹。

生态树脂板的缺点

☑ 热膨胀缺陷

当板材处于 -30~70℃之间，聚氯乙烯分子的间隙会因为高低温差发生明显变化。

☑ 成本较高

由于树脂材料的生产工序较复杂，所以材料成本高，市场价格也会高一些。

生态树脂板应用范围

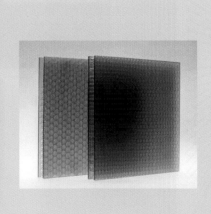

生态树脂板的用途比较广泛，主要运用在公共建筑与家居装饰中，如灯罩面板、吊顶面板、背景墙、装饰性方柱、台面、隔断、屏风、橱柜门板、衣柜移门板等。

生态树脂板的材料分类

按花纹样式分类

天然元素

将植物的根、茎、叶子、叶脉、花朵、花瓣、茅草等来自大自然的元素，排列成各种设计造型，以任意方式进行组合排列，一层至多层的排列而成的自然风格生态树脂板

工业元素

手工制作的金属质感的金箔、银箔等；各种形状的金线、银线、铜线等；敲碎彩色玻璃珠，各种贝壳、贝壳碎等；以及各种编织方式的金网、银网、铜网等编织网；甚至回收的易拉罐，都可以回收成为独特设计的质感生态树脂板

木皮元素

将天然木皮或人工木皮包裹在生态树脂板里，木皮的造型、风格、薄厚都可以自由选择

面料系列

将棉、麻、化纤等编织成布，然后嵌入透明的树脂板内，清晰可见的纺织纹理可以带来非常独特的装饰效果

浮雕纹理系列

用不同的模具压制出的不同的纹理，比如各种水纹、马赛克纹、圆形、方形、三角形等

蜂窝系列

是一种将树脂面板与蜂窝空间结构完全结合的创新型结构材料。其核心"蜂窝"可以是各种材质、大小，不同的孔造型、厚度，生态树脂热熔后层压在蜂窝芯上，背部压成了球面，产生独特的水滴效果

材料施工工艺

☑ 生态树脂板墙面施工工艺（轻钢龙骨基层）

◎ 生态树脂板除了可以应用于传统的墙面造型、隔断屏风外，近年来在定制大型艺术装置及艺术灯具方面都有所应用。

◎ 生态树脂板安装之前，可调节挂件上的调节螺钉处于拧出状态。

◎ 将生态树脂板插挂上墙后，按照位置基本就位，在企口接缝上下用专用塞尺控制离缝宽度。

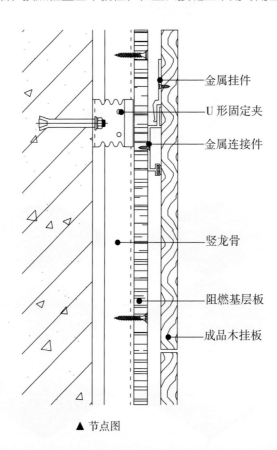

金属挂件

U 形固定夹

金属连接件

竖龙骨

阻燃基层板

成品木挂板

▲ 节点图

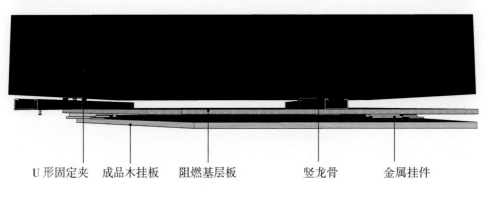

U 形固定夹　　成品木挂板　　阻燃基层板　　　　竖龙骨　　　金属挂件

▲ 三维示意图

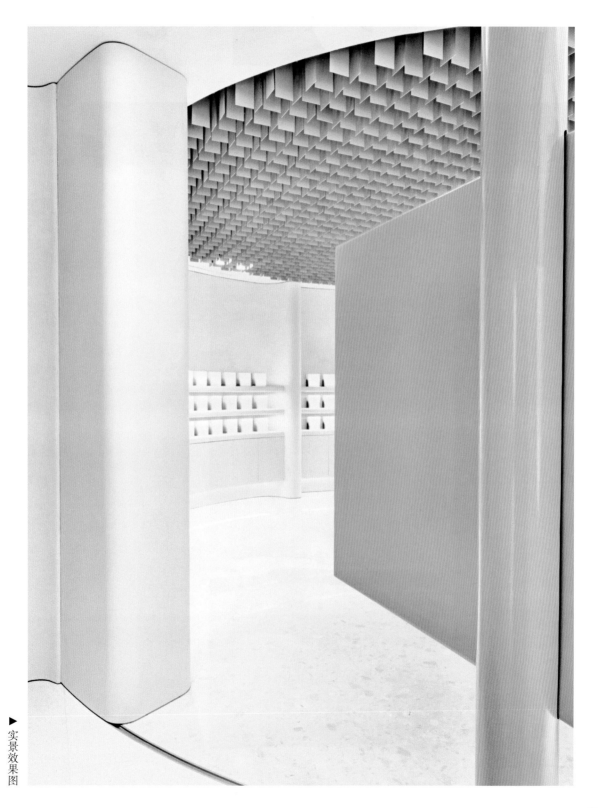

方案一

案例中入口的空间用冷暖色调的融合使顾客的感官平静下来，从而享受舒适的购物体验。柔软和坚固的几何体在空间中并存，白蜡木桌子与可丽耐地面以及铝制天花形成了鲜明的对比。色彩明亮的生态树脂隔墙旁是中性的石膏墙，用来展示品牌的产品包装。

▶实景效果图

方案二

　　案例中这个有趣的空间内设有镜面不锈钢天花、地毯地面、由橙色生态树脂制成的起伏墙面以及背光产品展示台，就像博物馆一样，给人非常独特而又独一无二的感觉。

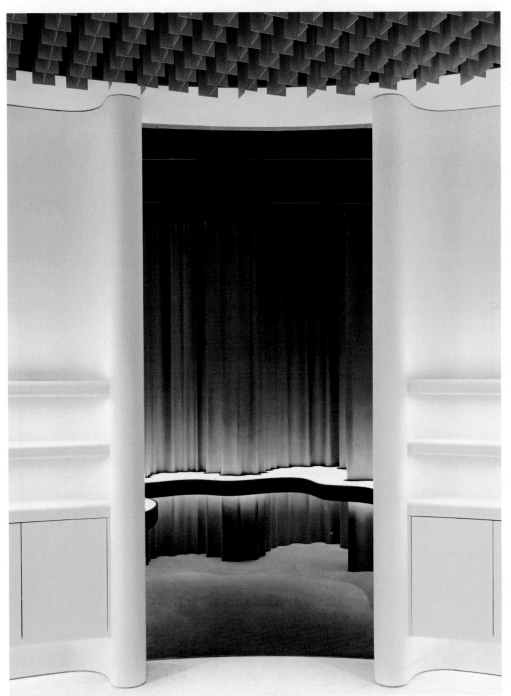

▲ 实景效果图

第七章

地材

　　地材，即地面材料，指覆盖在建筑地面上，能够起到装饰作用和保护作用的室内装饰材料。最早时，人们选择地材多注重实用性，随着装修行业的不断发展，地材的装饰性也越来越受到重视。在近十年的时间内，地材获得了较为快速的发展，无论是种类还是款式，都有很多突破。

　　目前市面上，除了石材和瓷砖这些墙地面通用材料外，较为常用的地材还有强化地板、实木地板、实木复合地板、方块地毯、满铺地毯、PVC 地板等，这些地面材料总体来说可分为地板、地毯、软性地材和硬性地材四类。

地材基础知识

地材包括的范围很广，在这里主要介绍地板类地材，虽然在这里称呼上叫地材，但是也不排除可以运用在其他部位。

地材常见分类

竹地板

原料：竹材

特点：减少噪声，有自然芳香

用途：住宅酒店、高端写字楼、高级商场等场所

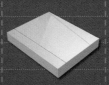

运动木地板

原料：枫木实木板

特点：高度耐磨、耐腐，弹性良好

用途：篮球场、排球场等室内体育场馆

抗静电地板

特点：不反光、不打滑、不起尘，几乎不受热胀冷缩影响，耐磨度高

用途：无尘的净化车间、计算机房、微电子实验室等场所

复合木地板

原料：实木、板材

特点：纹理自然，不需打蜡保护，耐磨、耐腐、耐水，抗冲击性好

用途：人流量不大的室内地面

网络地板

特点：安装快捷、稳定性强

用途：高档写字楼、5A 管理大楼办公场所

价格 /（元 / m²）

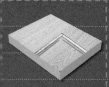

强化地板

原料：板材、装
　　　饰纸
特点：耐磨度高，
　　　稳定性好，
　　　容易护理，
　　　色彩花样
　　　丰富
用途：办公室、
　　　实验室、
　　　中高档酒
　　　店等对地
　　　面耐磨度
　　　有较高要
　　　求的场所

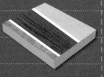

PVC 地板

原料：聚氯乙烯
特点：超轻超薄、
　　　耐磨、高弹
　　　性、接缝小、
　　　施工快捷
用途：几乎涵盖了
　　　所有类型空
　　　间的地面材
　　　料，适用于
　　　对耐磨度要
　　　求高的场合

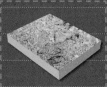

软木地板

原料：树皮
特点：柔软舒适、
　　　安全环保、
　　　自然生态、
　　　吸音隔音
用途：人流量不大
　　　的室内地面

实木地板

原料：实木
特点：纹理自然、
　　　脚感舒适、
　　　冬暖夏凉
用途：高端会所、
　　　住宅酒店等
　　　对舒适度有
　　　较高要求的
　　　场合

800
775
750
725
700
675
650
625
600
575
550
525
500
475
450
425
400
375
350
325
300
275
250
225
200
175
150
125
100
75
50
25
0

地材设计搭配

地材的颜色深浅可根据室内面积而定

地材的颜色深浅可根据家庭装饰面积的大小而定。例如，面积大或采光好的房间，使用深色地材可使房间显得紧凑；面积小的房间，使用浅色地材能给人以开阔感，使房间显得更明亮。地材不仅可以单独铺装，也可以与其他材料做拼接，可以作为空间分区的标志，让地面在视觉上也有了变化性。

① 强化地板是完全的人工产品，表面花色不再使用木材，采用的是纸，所以花色可选择范围比实木地板和实木复合地板更广，设计时可充分发挥创意性

② 一般来讲，木材的密度越高，强度也越大。但不是所有空间都需要高强度的地板，人流量大的空间可选择强度高的品种

③ 由于地板并不适合用在厨房中，所以对于一些开放式的厨房与其他空间相邻时，会在其他空间内使用地板，而厨房使用地砖，这中间就需要做拼接

④ 实木地板规格选择原则为：宜窄不宜宽，宜短不宜长。原因是小规格的实木条更不容易变形、翘曲，同时价格上要低于宽板和长板，铺设时也更灵活，且现在大部分的居室面积都比较中等，小板块铺设后比例会更协调

地材施工工艺与构造

　　这里地材的施工工艺与构造，主要以木地板为主。我国目前使用最广泛的安装地板方式是实铺式铺设和架空式铺设两种类型。实铺式铺设中比较常用的方式是悬浮式和胶粘式。架空式铺设中比较常用的方式是龙骨架空和毛地板架空。当存在下面这些情况的时候，建议采用架空式铺装方法：①地面平整度较差，即平整高差 ≥ 30mm；②找平成本较高；③设计项目需要抢工的时候；④地板下要求空间比较大的情况，如特别潮湿或难以散热的空间。

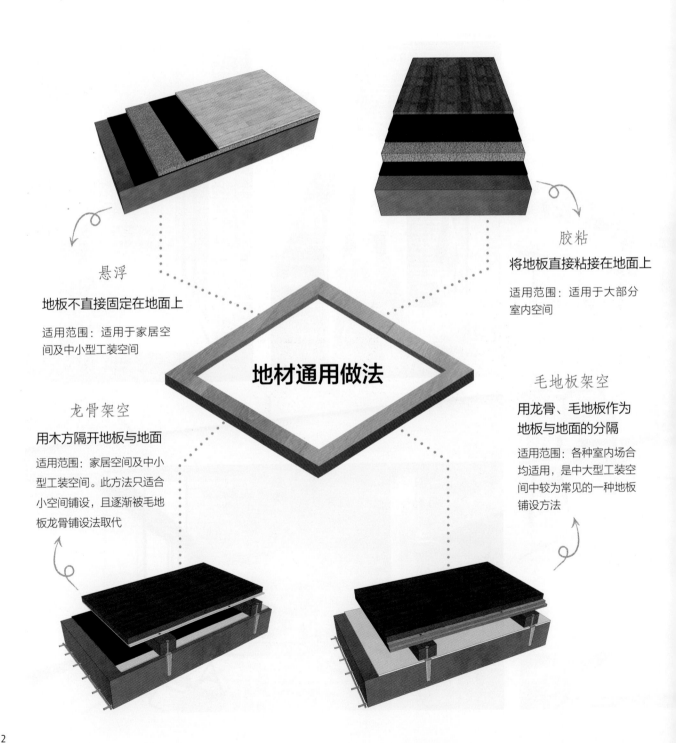

悬浮

地板不直接固定在地面上

适用范围：适用于家居空间及中小型工装空间

胶粘

将地板直接粘接在地面上

适用范围：适用于大部分室内空间

地材通用做法

龙骨架空

用木方隔开地板与地面

适用范围：家居空间及中小型工装空间。此方法只适合小空间铺设，且逐渐被毛地板龙骨铺设法取代

毛地板架空

用龙骨、毛地板作为地板与地面的分隔

适用范围：各种室内场合均适用，是中大型工装空间中较为常见的一种地板铺设方法

悬浮式铺设法

　　悬浮式铺设法就是让地板悬空于地面，不直接固定在地面上的一种做法，这种方法是目前最流行，也是最科学的铺设方法之一。常用于强化地板、实木复合地板等复合型的地板铺设中。

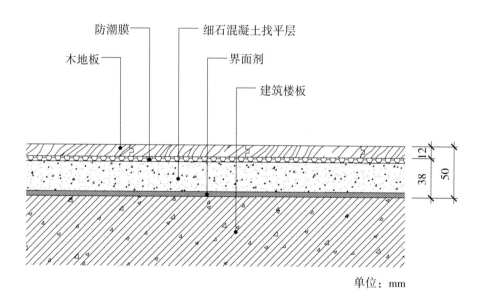

単位：mm

▲ 悬浮式铺设法

做　法

在平整的地面上铺设地垫，在地垫上将带有锁扣、卡槽的地板拼接成一体

优　点

铺设过程简单、工期短、污染少、易于维修保养、不易起拱或变形

缺　点

直接和地面接触，容易受潮

注意事项

实木地板最好不要用该种铺设方法

223

胶粘式铺设法

　　胶粘式铺设法是目前很多国外木地板大厂的主流做法，将地板通过胶黏剂直接粘在地面上，非常适合拼花地板、软木地板、复合木地板、塑胶地板等。

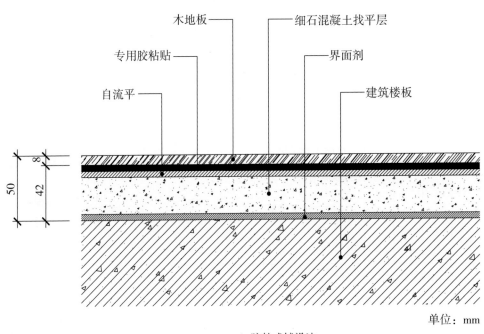

木地板　　　细石混凝土找平层
专用胶粘贴　　　界面剂
自流平　　　建筑楼板

单位：mm

▲ 胶粘式铺设法

做　法

在平整的地面上涂上胶黏剂，直接铺上地板

优　点

安装快捷、效果美观，是对于一些块状地板必须使用的铺设方法

缺　点

对施工地面要求高，控制不好容易起翘；对胶黏剂的环保要求较高

注意事项

该种做法只适用于长度在 350mm 以下的长条形实木、塑胶地板及软木地板的铺设

龙骨架空铺设法

龙骨架空铺设法是相对传统和普遍的铺设形式，其中龙骨的原材料使用最广泛的是木龙骨，但也可以根据空间防火要求选择金属龙骨。非常适合实木地板、实木复合地板的铺装。

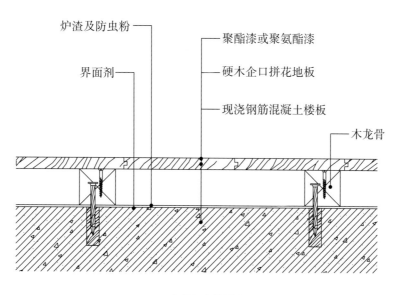

炉渣及防虫粉

界面剂

聚酯漆或聚氨酯漆

硬木企口拼花地板

现浇钢筋混凝土楼板

木龙骨

▲ 龙骨架空铺设法

做 法

在平整的地面上按照一定间隔铺设龙骨，然后铺设地板

优 点

施工方便、结构稳定、能有效防止受潮

缺 点

工期较长、龙骨要求提前做防火防潮处理

注意事项

该种做法非常适用于实木地板的铺设，可以避免地板受潮变形

做　法

在平整的地面上先铺好龙骨，然后铺上毛地板（夹板、大芯板等）与龙骨固定，最后铺上地板

优　点

有效防止受潮、脚感舒适

缺　点

损耗较多、成本较高

毛地板架空铺设法

　　毛地板架空铺设简单理解就是在架空的龙骨上多加了一层板材，这样不仅可以增加稳固性，还能解决因地板自身硬度较低，不能使用龙骨架空法铺贴来有效防潮的问题。常用于实木地板、实木复合地板、强化地板和软木地板铺设中。

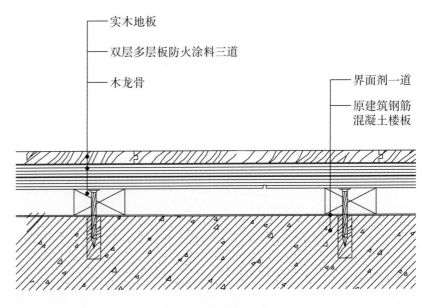

实木地板
双层多层板防火涂料三道
木龙骨
界面剂一道
原建筑钢筋混凝土楼板

▲ 毛地板架空铺设法

其他特殊地材施工工艺与构造

防腐木地板地面

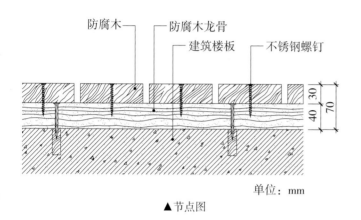

▲节点图

单位：mm

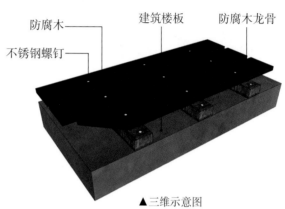

▲三维示意图

网络地板地面

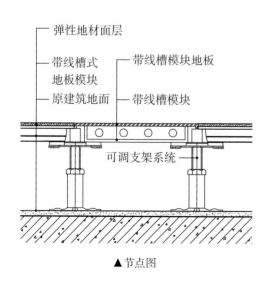

▲节点图

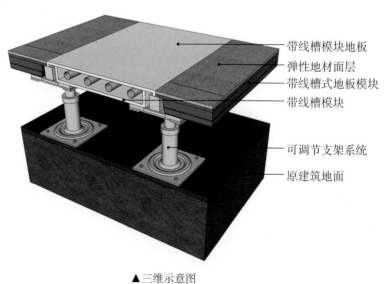

▲三维示意图

实木地板

实木地板是天然木材经烘干、加工后形成的地面装饰材料。它呈现出的天然原木纹理和色彩图案，给人以自然、柔和、富有亲和力的质感，同时它冬暖夏凉、触感好。不同的木质具有不同的特点，有的偏软、有的偏硬，选择实木地板的时候可以根据生活习惯选择木种。

实木地板的优点

☑ 隔音隔热

实木地板拥有致密的木纤维结构，热导率低，阻隔声音和热气的效果优于水泥、瓷砖和钢铁，因此木地板具有吸音、隔音的功能。

☑ 冬暖夏凉

木材热导率低，有冬暖夏凉的功效。冬季，实木地板的板面温度要比瓷砖的高 8~10℃；夏季，实木地板的板面温度要比瓷砖低 2~3℃。

☑ 调节湿度

木地板通过吸收和释放水分，达到调节室内温度、湿度的效果。

实木地板的缺点

☑ 有色差问题

因为是天然形成的木材，所以即使是同一品种的地板，也会有色差，安装不当容易出现"花脸"现象。

☑ 稳定性差

如果室内环境过于潮湿或干燥，实木地板容易起拱、翘曲或变形。

常见实木地板的硬度、色泽及纹理

硬度、色泽及纹理		实木地板品种
硬度	中等硬度	柚木、印茄（菠萝格）、香茶茱萸（芸香）
	软　木	水曲柳、桦木
色泽	浅　色	加枫、水青冈（山毛榉）、桦木
	中间色	红橡、亚花梨、槲栎（柞木）、铁苏木（金檀）
	深　色	香脂木豆（红檀香）、拉帕乔（紫檀）、柚木、乔木树参（玉檀香）、胡桃木、鸡翅木、紫心木、酸枝、印茄、香二翅豆、木荚豆（品卡多）
纹理	粗　纹	柚木、槲栎（柞木）、甘巴豆、水曲柳
	细　纹	水青冈、桦木

涂饰地板

表面经过涂饰的一类实木地板，铺装后直接可投入使用。现多使用 UV 漆，强度高、耐磨且涂装效果好

未涂饰地板

未经过涂饰的素板，在铺装完成后，需要在表面进行涂饰才能投入使用，漆面类型可自由选择

按表面涂饰分类

实木地板的材料分类

按树种分类

按铺装方式分类

番龙眼地板

外表光滑、纹理清晰，且具有耐腐性。分金色和红褐色两种，特别适合欧式和中式风格，不适合地热取暖

橡木地板

表面有很好的质感、结构牢固、使用寿命长，且山形木纹鲜明。特别适合中式、欧式古典风格的居室

金刚柚木地板

即刺槐木，木材光泽强、较硬、干缩小、强度高。纹理直或交错，色泽典雅，美观大方，调温功能强

桦木地板

为大众树种，所以价格较低，颜色浅淡，可以进行多种加工，加工后的桦木地板一般颜色清透自然，十分百搭

榫接地板

是目前最常见的一种实木地板拼接方式，也叫作企口地板，地板的四个小边加工有公槽和母槽，安装时将公母槽口对接即可

平接地板

此类地板经过加工后，具有统一的长度、宽度、厚度。四边是平直的，拼接处没有任何槽口，直上直下，有时为了拼接得更牢固，需要打胶，现在较少使用

锁扣地板

地板的边缘带有锁扣，既可控制地板的垂直位移，又可控制地板的水平位移，是使地板板块之间连接最紧密的一种工艺

材料施工工艺

☑ 实木地板与自流平衔接

◎ 自流平的工业感非常强，对于追求现代氛围的居住空间或是面积较大的办公空间，都是比较实惠的选择。

◎ 实木地板的天然感是其他所有地板都不能比拟的，其自然的纹路里也有种随性、随意的感觉。

◎ 干硬性水泥砂浆是普通制砂浆，坍落度比较低，适合做中间层，多用于铺装工程中。

◎ 木地板和自流平之间应预留 5~10mm 的缝隙放置专用的活动金属收边条，调节木地板的胀缩，起到衔接和收口的作用。

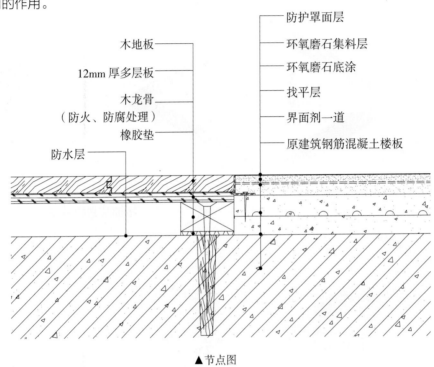

木地板
12mm 厚多层板
木龙骨
（防火、防腐处理）
橡胶垫
防水层

防护罩面层
环氧磨石集料层
环氧磨石底涂
找平层
界面剂一道
原建筑钢筋混凝土楼板

▲节点图

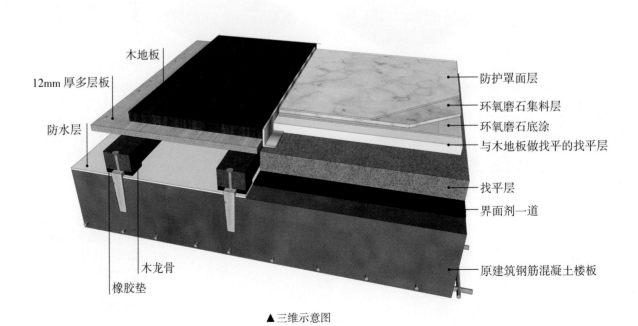

木地板
12mm 厚多层板
防水层
木龙骨
橡胶垫

防护罩面层
环氧磨石集料层
环氧磨石底涂
与木地板做找平的找平层
找平层
界面剂一道
原建筑钢筋混凝土楼板

▲三维示意图

方案

　　案例中厨房区域用了耐脏同时自身不显脏的自流平，同时将开放区域分成了厨房和客厅两个区域。该做法很适合用于不同空间与厨房的交界处。

▲实景效果图

✍ 实木地板与地毯衔接

◎ 木地板与地毯给人的感觉都是温暖的、舒适的，两者的脚感都是偏软的，不过地毯会更加软和一点。

◎ 对于想创造温馨氛围的空间，木地板和地毯是比较不错的选择。

◎ 木地板与地毯之间无需收边，直接拼接即可。

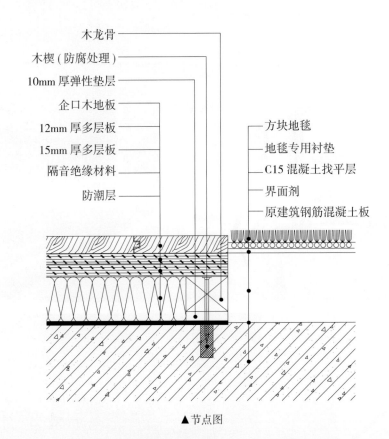

木龙骨
木楔（防腐处理）
10mm 厚弹性垫层
企口木地板
12mm 厚多层板
15mm 厚多层板
隔音绝缘材料
防潮层

方块地毯
地毯专用衬垫
C15 混凝土找平层
界面剂
原建筑钢筋混凝土板

▲节点图

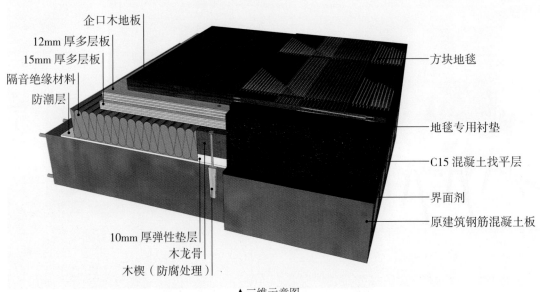

企口木地板
12mm 厚多层板
15mm 厚多层板
隔音绝缘材料
防潮层

方块地毯

地毯专用衬垫

C15 混凝土找平层

界面剂

原建筑钢筋混凝土板

10mm 厚弹性垫层
木龙骨
木楔（防腐处理）

▲三维示意图

方案

　　案例中休闲区和走廊通过木地板和地毯两种材质分割开来，让人走在走廊时，会不自觉地避开休闲区，让休闲区的人们不受干扰。且木地板＋天窗＋阳光，更能带来休闲、舒适的氛围。

▶ 实景效果图

实木复合地板

实木复合地板由不同树种的板材交错层压而成，一定程度上克服了实木地板湿胀干缩的缺点，湿胀干缩率小，具有较好的尺寸稳定性，并保留了实木地板的自然木纹和舒适的脚感。实木复合地板兼具强化地板的稳定性与实木地板的美观性，而且具有环保优势。

实木复合地板的优点

☑ 质量稳定，不易损坏

由于实木复合地板的基材采用了多层单板复合而成，确保了平整性和稳定性，并保留了实木地板的美观特性，但克服了实木地板难保养的缺点。

☑ 易打理清洁

护理简洁，光亮如新，不嵌污垢，易于打扫。实木复合地板的表面涂漆处理得很好，耐磨性好，且不用花太多精力保养。

实木复合地板的缺点

☑ 水泡后不可修复

如果被水泡损坏后，修复比较困难，因此不适合放在潮湿的地方和环境。

☑ 可能存在环保问题

实木复合地板的生产必须用到胶，不像实木地板那样除了木材本身，基本没有添加其他物质，所以在环保方面还是存在一定问题。

实木复合地板与强化复合地板的区别

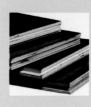

实木复合地板

工　　艺：常以胶合板为主体，表面贴一层木皮，再油漆

花　　纹：纹路比较自然

耐 磨 性：比实木地板耐磨

强化复合地板

工　　艺：原木粉碎，经过高温、胶压制成

花　　纹：花纹一般是通过计算机仿制的，比较死板

耐 磨 性：非常结实耐用

注：实木复合地板和强化复合地板虽然都是复合地板，但是性能不同，故在此进行对比。

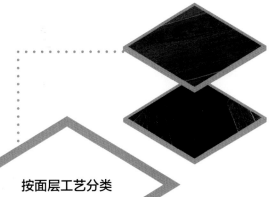

漆面工艺

表面为平面，花纹立体感强、通透清晰，油漆面附着力强，提高了地板的耐磨、抗压、抗划伤性

浮雕工艺

表面具有凹凸的浮雕感，稳重大气、质地硬朗，自然纹理犹如山水画，变化多端，装饰性强

按面层工艺分类

**实木复合地板
的材料分类**

按结构分类

按板材厚度分类

两层实木复合地板

由表板和芯板两部分组成，表板为实木拼板或单板，芯板是由速生材或者小径材压制而成的集成木方，强度不如其余两种高，现较少使用

三层实木复合地板

最上层为表板，是选用优质树种制作的实木拼板或单板；中间层为实木拼板，一般选用松木；下层为底板，以杨木和松木为主

多层实木复合地板

以实木拼板或单板为面板，以胶合板为基材制成的实木复合地板。每一层之间都是纵横交错的结构，层与层之间互相牵制，是复合地板中稳定性最可靠的一种

12mm 板

是实木复合地板中最薄的一种，其脚感接近强化复合地板，弹性较差，价格较低

15mm 板

厚度中等，价格适中，脚感介于强化复合地板和实木地板之间，是使用较多的一种

18~20mm 板

最厚的一类实木复合地板，脚感接近实木地板，弹性佳，价格较高

材料施工工艺

☑ 实木复合地板与环氧磨石衔接

◎ 环氧磨石拥有良好的防腐蚀性能，具有低黏度、易摊铺、不易变色等特性。

◎ 实木复合地板脚感舒适，相对实木地板价格实惠，自然感也不差。

◎ 在木地板和环氧磨石的交界处多设置一道木龙骨，进而增强地板的稳定性。

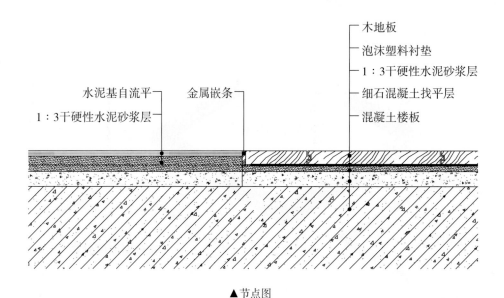

木地板
泡沫塑料衬垫
1：3干硬性水泥砂浆层
细石混凝土找平层
混凝土楼板

水泥基自流平 金属嵌条
1：3干硬性水泥砂浆层

▲节点图

泡沫塑料衬垫
金属嵌条
木地板

水泥基自流平
1：3干硬性水泥砂浆层
细石混凝土找平层
混凝土楼板

▲三维示意图

　　案例中利用金属收边条将环氧磨石材料用在玄关处，由于空间不大，所以玄关与客厅之间没有做隔断，仅仅是利用地面铺设材料的不同来划分区域。换鞋区用耐脏、易清洁的环氧磨石非常适合，会客区则用温暖、美观的木地板铺设。

▶ 实景效果图

强化地板

强化地板是在原木粉碎后，添加胶、防腐剂以及其他添加剂，经热压机高温、高压压制处理而成。因此它打破了原木的物理结构，克服了原木稳定性差的弱点。

强化地板的优点

✒ 耐磨、稳定性好

强化地板表层的耐磨层能达到很高的硬度，用尖锐的硬物如钥匙去刮，也只能留下很浅的痕迹。

✒ 性价比较高

强化地板的耐磨层、装饰层以及平衡层为人工印刷，基材采用速生林材制造，成本较低廉，同时可以规模化生产，相对性价比高。

✒ 防火性能好

强化地板达到了B1级，具有更高的阻燃性能，相较其他种类木地板更安全。

强化地板的缺点

✒ 脚感较硬

相比实木地板和实木复合地板而言，强化地板的脚感是最差的，踩上去较硬。

✒ 安装后需要通风

强化复合地板在生产过程中，使用胶黏剂等，会有一定的甲醛含量，所以安装完需要通风透气，不能立马入住。

强化地板与实木复合地板、实木地板的区别

天然感	强化地板 ＜ 实木复合地板 ＜ 实木地板
耐磨性	强化地板 ＞ 实木复合地板 ＞ 实木地板
脚 感	强化地板 ＜ 实木复合地板 ＜ 实木地板

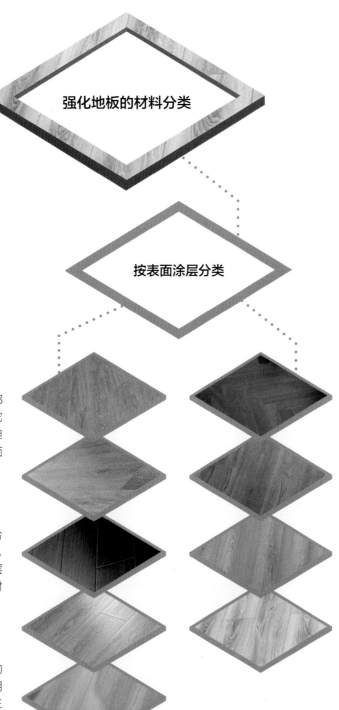

强化地板的材料分类

按表面涂层分类

三氧化二铝

标准的强化地板表面，使用的都是含有三氧化二铝的耐磨纸，它有 46g、38g、33g 等类型，但只有使用 46g 的才能保证表面的耐磨性能

三聚氰胺

三聚氰胺表面涂层，一般适合用在耐磨程度要求不高的地方，在地板行业内将这类表面涂层的地板称为"假地板"，选择时需注意

钢琴漆面

实际上是将用于实木地板表面的油漆，用于强化地板，只是使用的漆比较亮，耐磨程度不能与三氧化二铝表面相比，非常低

标准板

标准板即为尺寸符合国家统一标准的强化地板，其宽度一般为 191~195mm，长度为1200~1300mm

宽板

宽板的宽度为 295mm 左右，长度为 1200mm 左右，是我国强化地板加工企业为了满足消费需求，自己发明的。优点是地板的缝隙相对少，缺点是色差相对大一些

窄板

窄板长度为 900~1000mm，宽度为 100mm 左右，近似实木地板的规格，多数称为仿实木地板，稳定性好

锁扣板

地板的接缝处采用锁扣形式，既控制地板的垂直位移，又控制地板的水平位移，连接稳固

静音板

即在地板的背面加软木垫或其他类似软木作用的垫子。具有增加脚感、吸音、隔音的效果，能够提高强化地板使用的舒适性

防水板

在强化地板的企口处，涂上防水的树脂或其他防水材料，使地板外部的水分、潮气不容易侵入，内部的甲醛不容易释出，能够提高地板的环保性和使用寿命

材料施工工艺

✍ 强化地板与门槛石、石材衔接

◎ 倒斜边的门槛石收口方式，让人在经过时能够很快注意到区域的变化，起到提示性的作用，通常用在一些商业空间或者展览空间中。

◎ 在铺设前，先对门槛石的石材进行倒斜边施工，然后再将其安装。

◎ 除了倒斜边的工艺外，门槛石也可做平，不同颜色的门槛石让空间的区分更加明确，且没有高低的差距，也不容易被绊倒，适用于各类空间。

石材门槛 (六面防护)　　　　石材 (六面防护)
实木地板　　　　　　　　　　20mm 厚石材专业黏结剂
双层 9mm 厚多层板防火涂料　30mm 厚 1 ：3 水泥砂浆找平层
木龙骨 (防火、防腐处理)　　界面剂一道
原建筑钢筋混凝土楼板

▲节点图

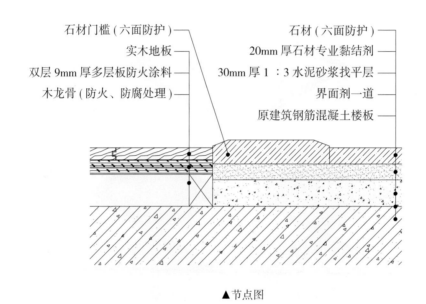

实木地板
双层 9mm 厚多层板防火涂料
原建筑钢筋混凝土楼板
石材（六面防护）
20mm 厚石材专业黏结剂
30mm 厚 1：3 水泥砂浆找平层
木龙骨（防火、防腐处理）
界面剂一道

▲三维示意图

方案

　　案例中两个空间的区分主要依靠地面材料来完成。白色亚光地砖冰冷却不乏清爽、干净的感觉，呼应了该区域的工业氛围。深实木色与浅木色的拼接，让地面不再沉闷，光线透过薄纱帘照亮地面，该区域的复古感十足，但也不会显得陈旧。

▲实景效果图

✐ 强化地板与满铺地毯衔接

◎ 在固定多层板之前，先涂刷防火涂料三遍，达到防火的效果。使用的多层板一般为 12mm 厚，多层钉毛刺的厚度一般为 5mm。

◎ U 形不锈钢收边条将木地板的边缘全面地包裹住，能够更加有效地防止翘起。

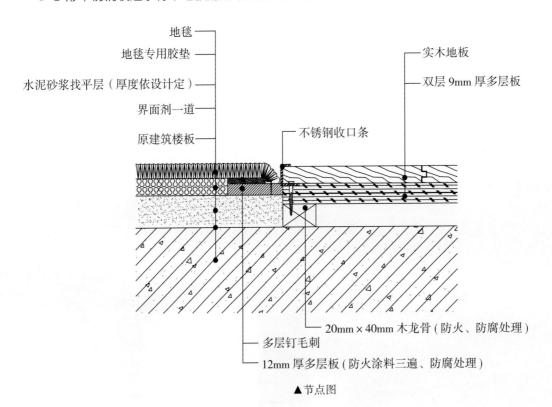

▲节点图

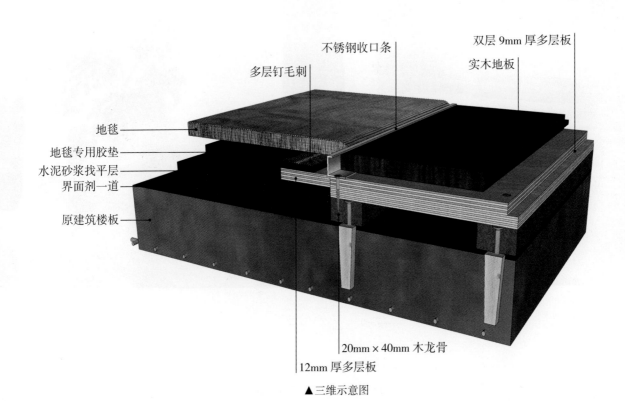

▲三维示意图

方案

　　满铺的地毯与木地板相接更适合用于办公空间中，地毯的区域从视觉上形成了单独的空间，达到无隔断就能分割空间的目的。

▲实景效果图

PVC地板

PVC 地板是当今世界上非常流行的一种新型轻体地面装饰材料，也称成"轻体地材"，它是指采用聚氯乙烯材料生产的地板。PVC 地板是软质地板中最常用、最普及的地板，非常适合用在人流量较大、需要经受较高损耗的地方。

PVC 地板的优点

☑ 绿色环保

PVC 地板主要原料是聚氯乙烯，它是一种环保无毒的可再生资源、非天然材料，不破坏森林资源。

☑ 超轻超薄

PVC 地板厚度只有 1.6~9mm，每平方米质量仅 2~7kg，可以对楼体承重和空间节约起到作用。

☑ 超强耐磨

PVC 地板表面特殊处理的超强耐磨层充分保证了地面材料的优异的耐磨性能，在正常情况下可使用 5~10 年。

PVC 地板的缺点

☑ 施工基础要求高

对地面的反应敏感程度高，要求地面平整、光滑、洁净等，需要用到自流平，再进行铺贴。

☑ 后期使用得注意

PVC 地板虽然防燃，但是后期使用也容易被烟头烫伤或者被利器划伤。

PVC 地板卷材与片材的区别

卷材

优　点：接缝少，整体感强；卫生死角少；脚感舒适；外观档次高；质量标准高

缺　点：对地面的反应敏感程度高；铺装工艺要求高；破损时，维修较困难；若接缝烧焊，则焊条易弄脏

片材

优　点：铺装相对卷材简单；破损时，维修相对简便；对地面平整度要求相对卷材不是很高

缺　点：接缝多，整体感相对卷材低；外观档次相对卷材低；质量要求标准相对卷材低；卫生死角多

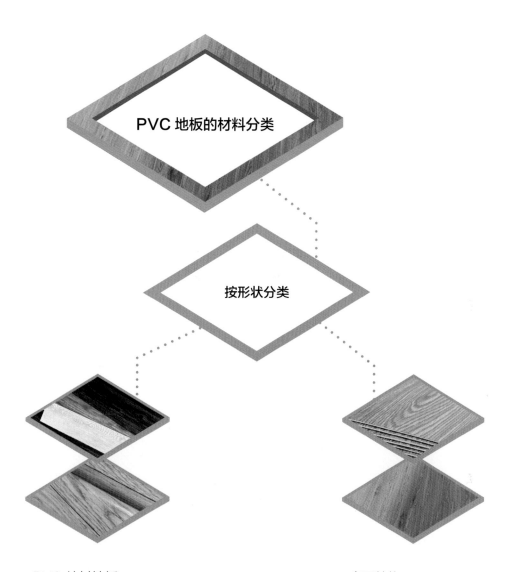

PVC 地板的材料分类

按形状分类

PVC 片材地板

片材地板的规格较多，主要为条形和方形：条形有粘贴施工和锁扣连接两种类型；方形以粘贴施工为主

PVC 卷材地板

是质地较为柔软的一卷一卷的地板，一般宽度为 1.5m、2m 等，长度为 20m，厚度为 1.6~3.2mm

多层结构

多层复合型 PVC 地板一般由 4~5 层结构叠压而成，较厚实，弹性较佳，吸音性能佳

同心透结构

同心透结构即从上到下均为单一的一层式结构，其花纹和色彩从上到下均相同，有单一同心透和半同心透两类

材料施工工艺

☑ PVC 地板地面施工工艺

◎ PVC 是当今世界上非常流行的一种新型轻体地面装饰材料，被称为"轻体地材"，广泛应用于家装、医院、学校、办公空间等各类空间中。

◎ PVC 地板又名塑胶地板，厚度十分薄，具有超强的耐磨度，还有防水防滑等特性。

◎ 容易被利器划伤，对施工的要求会相对高一些。

◎ 铺设时，两块材料的搭接处应采用重叠切割，一般是要求重叠 30mm，注意保持一刀割断。

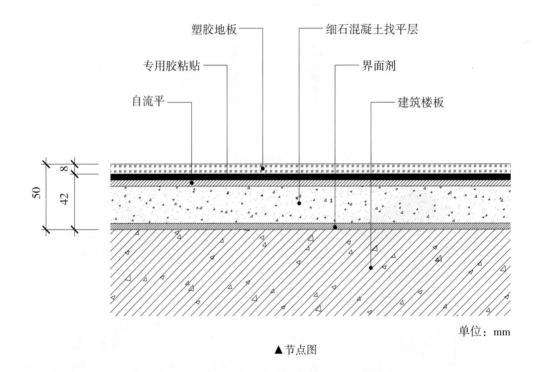

单位：mm

▲ 节点图

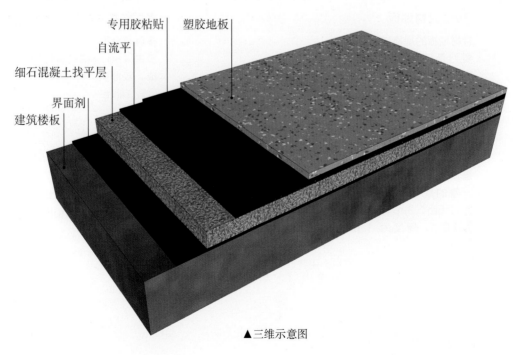

▲ 三维示意图

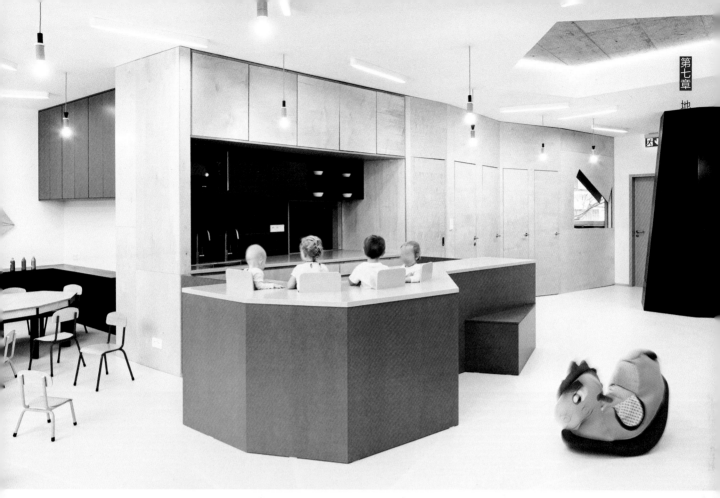

▲实景效果图

 方案一　　案例中教室中央设计了开放式厨房，用餐被视为一种集体体验，小朋友们可以坐在他们想坐的地方，即育幼员看护下的厨房岛台中央。白色PVC地板看上去简洁干净，对于育幼员而言也非常容易清理地面的污渍。

方案二　　案例中大厅空间在色彩上并不花哨，绿色的PVC地板，黑色、白色和红色的木刻板墙面装饰，以及天然原木色的构件共同打造出一个安全舒适的环境。宽敞的空间和雕塑般的游乐设施营造出一种玩耍嬉戏的氛围，让孩子们能够凭借着自己的想象力，尽情地探索世界。

▶ 实景效果图

方案三

　　案例中建筑窗都是大落地窗，保证充沛的阳光，依靠空间的层高优势，利用贯穿空间的大楼梯，划分出更多可以用来发展儿童天性的自由探索空间，一楼接待大厅作为孩子们进入室内的第一空间，地面为 PVC 地塑材料，一条跑道将公共空间和教室连接起来。大厅保留原有的圆形柱子，加以"树"的抽象造型修饰原建筑柱体，室内空间主要以白色、木色为主，楼梯阁楼处挑出空间用平台与滑梯连接一楼的活动空间，增加"树"与"树屋"的空间趣味性。

▲实景效果图

第八章

顶材

　　吊顶是设计在室内顶部的一种装饰，也就是天花板上的装饰，是室内装饰的重要组成部分之一。

　　吊顶具有多种作用，例如保温、隔热、吸音、隔音、装饰等，同时还是容纳如中央空调、新风系统、管线等部分设备的隐蔽手段。吊顶材料的包含范围很广泛，但出于防火方面的要求，常见的材料有：石膏板、装饰线、硅钙板、各类金属板、矿棉板、PVC、软膜天花、夹板以及玻璃等。其中，家居空间中石膏板、装饰线及金属板中的铝扣板等较为常用。

顶材基础知识

吊顶材料包括的范围很广，在国内因为防火规范的要求，限制了一些材料的使用，在这里着重介绍石膏板、矿棉板、软膜天花板以及金属吊顶材料，如铝板、不锈钢板、铜板、钢板等。

顶材常见分类

矿棉板

特点：吸音降噪、安全防火、防潮性佳

用途：墙壁、隔墙及天花板

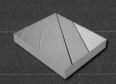

石膏板

特点：防火、质轻，绿色环保、良好的装饰性、施工简单

用途：墙壁、隔墙、天花板、地面基层板

硅钙板

特点：具有防火、防潮、隔音、隔热等性能，可以适当调节室内干湿度、增加舒适感

用途：墙壁及天花板

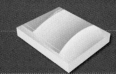

玻璃纤维增强石膏板（GRG）

特点：无限可塑性、自然调节室内湿度、声学效果好

用途：天花板

价格 / (元 / m²)

1500

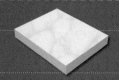

透光板

特点：性能好、绿
　　　色环保、可
　　　随意造型、
　　　尺寸可调制
用途：天花板

500

铝扣板

特点：优良的板面涂层
　　　性能、极强的复
　　　合牢度、重量
　　　轻、强度高
用途：天花板

200

180

160

140

120

100

80

软膜

特点：防火达标、环保性强、
　　　防菌防水、形式多样、
　　　安装方便、抗老化
用途：天花板

60

40

20

0

顶材设计搭配

局部式吊顶让空间看起来更高、更宽敞

　　在比较低矮的空间中，可采用局部式的条形或块面式吊顶，拉低一小部分的房高，通过吊顶与原来顶面的高低差，反而会让整体房高显得更高一些，若搭配一些暗藏式的灯光，效果会更明显。

◀ 中间设计了一个中央步道，实现迎宾与引导视线沿空间延伸的双重功能。天花板为长条形张拉膜光幕，外饰一层玻璃格栅，与之相对的是深红色的椭圆形乙烯基地面装饰

造型顶面增添灵动性

　　利用顶材做出独特的顶面造型，给人浑然天成的个性感。如果房间的高度足够，可以用相同的顶材做整体式的吊顶，并用出众的造型来增加层次感和装饰性。

①
②
③

① 石膏天花板被切成层层曲线片状，其中暗示了左侧景观中倾斜的砾石形状，而流线形状的壁灯和桌子则以模仿其中的岩石为灵感

② 拱形的采光天花板，同时利用结构梁来创造无阴影的照明系统，创造了柔和的光线和静谧的氛围

③ 整个结构利用石膏板建成，波浪形的屋顶成为室内的新顶棚，让光线从许多小孔中射入，不禁让人想起滴落的水珠

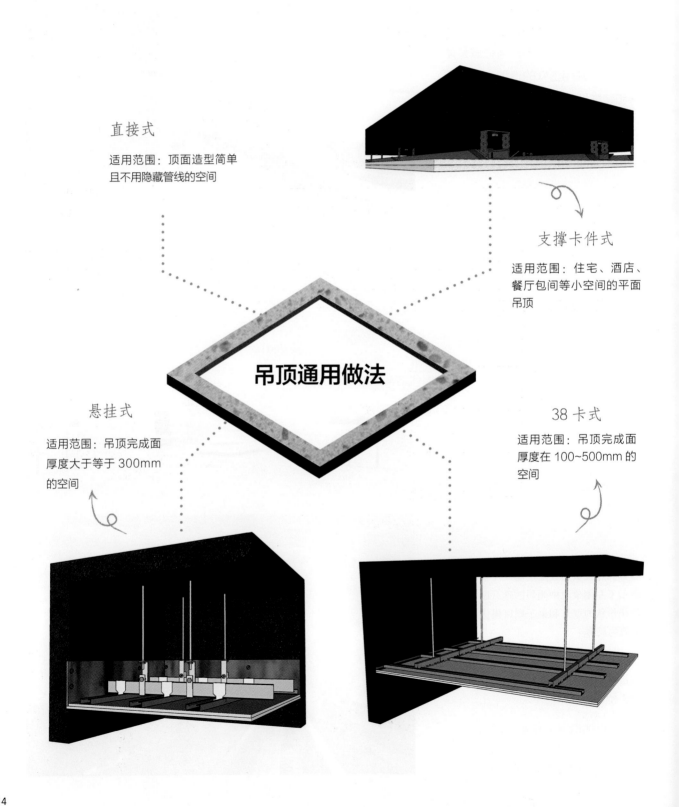

顶材施工工艺与构造

　　吊顶的本质是为了隐藏相关的管线而存在的一种顶面装饰措施，它是为了保证空间的美观性而存在的。顶面材料通用的工艺主要分为直接式、支撑卡件式、38 卡式、悬挂式。

直接式

适用范围：顶面造型简单且不用隐藏管线的空间

支撑卡件式

适用范围：住宅、酒店、餐厅包间等小空间的平面吊顶

吊顶通用做法

悬挂式

适用范围：吊顶完成面厚度大于等于 300mm 的空间

38 卡式

适用范围：吊顶完成面厚度在 100~500mm 的空间

直接式

直接式吊顶是在屋面板或楼板等底面上直接进行装饰装修而成的，构造形式简单，饰面厚度小，因而室内高度可以得到充分的利用。

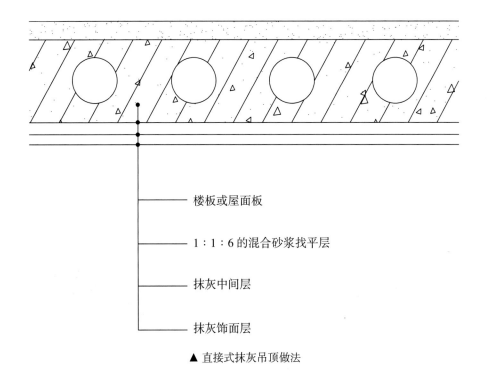

—— 楼板或屋面板

—— 1：1：6的混合砂浆找平层

—— 抹灰中间层

—— 抹灰饰面层

▲ 直接式抹灰吊顶做法

做 法

在建筑楼板上刷水泥浆，然后用混合砂浆打底，再做面层

优 点

材料用量少，施工方便，造价较低

缺 点

不能隐藏管线，影响美观

注意事项

要求较高的房间，可在底板增设一层钢板网

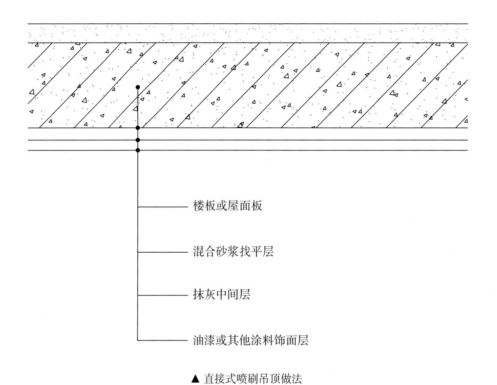

楼板或屋面板

混合砂浆找平层

抹灰中间层

油漆或其他涂料饰面层

▲ 直接式喷刷吊顶做法

做 法

在建筑楼板上直接用
浆料喷刷而成

优 点

材料用量少，施工方
便，造价较低

缺 点

不能隐藏管线，影响
美观

注意事项

楼板较平整又没有特
殊要求的，可在嵌缝
后直接喷刷浆料

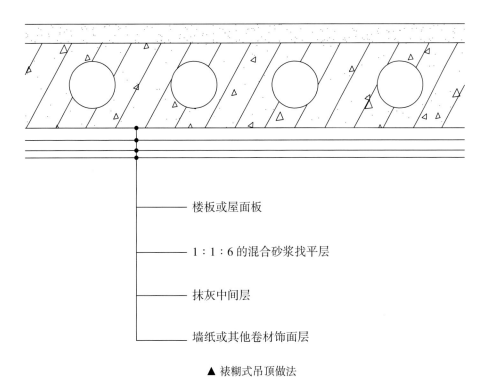

楼板或屋面板

1：1：6的混合砂浆找平层

抹灰中间层

墙纸或其他卷材饰面层

▲ 裱糊式吊顶做法

做 法

直接在楼板的板面上通过腻子修补、找平后，直接粘贴饰面板

优 点

比较美观

缺 点

对平整度的要求较高

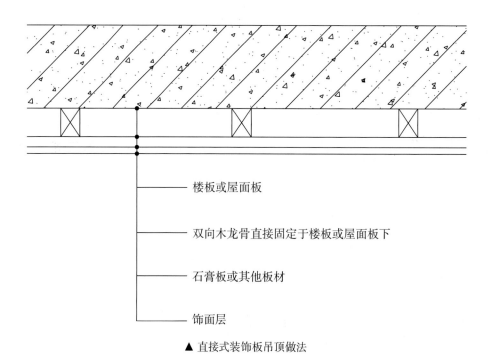

楼板或屋面板

双向木龙骨直接固定于楼板或屋面板下

石膏板或其他板材

饰面层

▲ 直接式装饰板吊顶做法

做 法

直接将装饰板粘贴在经过抹灰找平处理后的顶板上

优 点

直观效果较好

缺 点

对施工要求较高

支撑卡件式

　　支撑卡件式吊顶是把墙面的骨架做法复制到顶面的一种做法，它和墙面龙骨一样，可以最大限度地缩小厚度，从而节约空间。

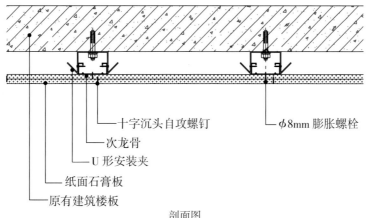

剖面图

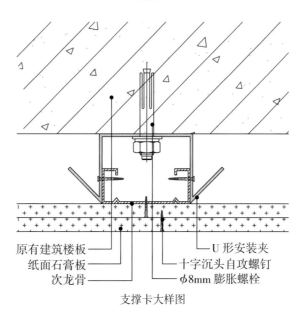

支撑卡大样图

▲ 支撑卡件式吊顶做法

做　法

用支撑卡件在建筑楼板与龙骨之间作支撑，然后附上石膏板，最后涂上乳胶漆

优　点

最小可做到35mm的完成面，材料成本低

缺　点

承载小、不受力、不宜大面积使用

38 卡式

38 卡式龙骨吊顶由卡式主龙骨与常规的覆面次龙骨组成。卡式龙骨吊顶适合吊顶完成面厚度 100~500mm 的空间使用。

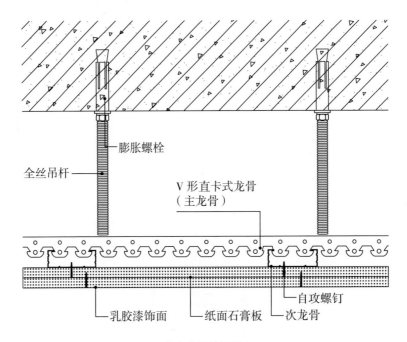

▲ 38 卡式龙骨吊顶做法

优 点

成本低、施工快、节约
吊顶空间

缺 点

承载力与悬挂式相比
较小

悬挂式

悬挂式吊顶是轻钢龙骨吊顶安装中的主流，人们常说的轻钢龙骨吊顶就是指它。它一般由预埋件及吊筋、基层、面层三个基本部分构成。悬挂式吊顶几乎适合任何的室内空间，但吊顶完成面的厚度不能小于 300mm。

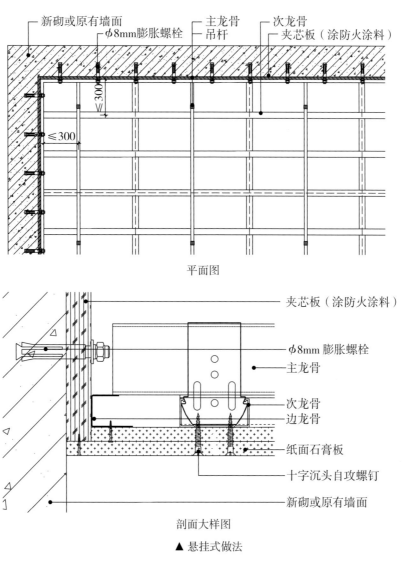

平面图

剖面大样图

▲ 悬挂式做法

做 法

在建筑楼板与板材之间，用吊杆、吊件以及承载龙骨作为连接

优 点

承重大、施工灵活、稳定性强

缺 点

较浪费室内空间，成本比其他方式高

石膏板

　　石膏板是以建筑石膏为主要原料制成的一种材料，是当前着重发展的新型轻质板材之一，不仅可用作吊顶，还可制作隔墙。其质轻、防火性能优异，可钉、可锯、可粘，施工方便，用它做装饰，比传统的湿法作业效率更高。

石膏板的优点

☑ 防火、质轻，绿色环保

　　石膏板遇热后会延迟周围环境温度的升高，进而起到阻燃的作用。其外层为天然纸面，不含有害物质。

☑ 良好的装饰性、施工简单

　　石膏板的表面平整，板块之间通过接缝处理可形成无缝对接，面层非常容易装饰，且面层可搭配使用的材料非常多样。

石膏板的缺点

☑ 防潮性差

　　石膏板隔墙防潮性能差，容易因为潮湿而产生变形。

☑ 承重力不足

　　石膏板的承重能力不足，是不能够悬挂重物的。

石膏板与硅酸钙板的区别

石膏板

原　料：由石膏制成，表面用特制的板纸为护面，经加工而成的板材

防火性：较差

施工性：施工方便，不易开裂

硅酸钙板

原　料：由硅质材料和钙质材料经过各种工艺制取而成

防火性：较好

施工性：施工不便，因为比较硬，所以切割起来比较困难

注：石膏板和硅酸钙板表面区别较小，不易区分，容易混淆，故在此进行比较。

石膏板的材料分类

按形态分类

按功能分类

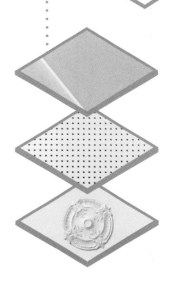

纸面石膏板

室内装修中使用最多的一类
石膏板，由石膏芯和双面纸
面制成，种类较多，用途较
广泛

无纸面石膏板

代表为纤维石膏板，是纸面
石膏板的进化产品，除了覆
盖纸面石膏板的全部应用范
围外，还有所扩大；其综合
性能优于纸面石膏板

普通石膏板

非常经济与常见的品种，适
用于无特殊要求的使用场
所，但要注意使用场所连续
相对湿度不能超过 65%

功能性石膏板

添加一些物质或经过某些工
序处理后，使石膏板本身具
有如防水、防潮、防火、吸
音等性能

装饰石膏板

装饰性比较强的石膏板，如
浮雕石膏板、纸面石膏饰面
装饰板、GRG、石膏印花板
等，可作为饰面材料使用

材料施工工艺

☑ 石膏板与石膏线条衔接

◎石膏板作为常见的吊顶材料，非常适合用在各类风格设计中

◎石膏线多出现在美式风格、欧式风格或是田园风格中，很有西方韵味。

◎石膏板与石膏线条衔接可以使用专门的石膏胶黏剂。

◎石膏线条用在阴角有两种切法：一种是平切；一种是45°切。

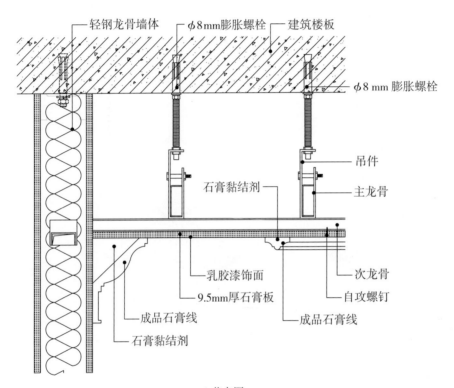

▲节点图

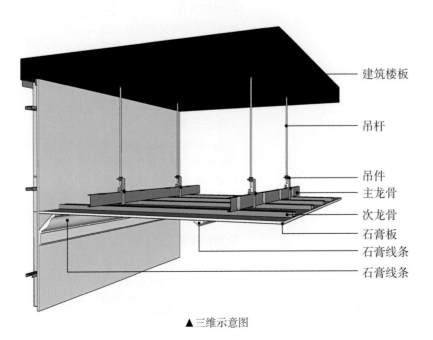

▲三维示意图

案例中客厅顶面以石膏板和石膏线条为主要装饰构造，花纹造型的石膏线条黏结在白色乳胶漆石膏板上，顶面看上去既有欧式古典美感，又不会过于凌乱。由于顶面是多级吊顶的设计，所以利用石膏线条遮掩墙面与顶面的接缝，整体看上去非常统一。

▲ 实景效果图

材料收口

石膏板吊顶跌级造型收口

①工艺特点：通过侧边的木垂板（木板多为阻燃夹板）作为受力骨架来连接上下平面龙骨，使得平面龙骨的构造做法保持不变。

② 优点：施工便捷，成本低，损耗小，稳定性强，可塑性强。

缺点：木板的耐久性较差，不能满足跌级高差太大的情况，板材的防火要求达不到 A 级。

③ 适用场合：这种做法是目前国内最主流的做法，几乎被用于任何室内空间的吊顶装饰中。

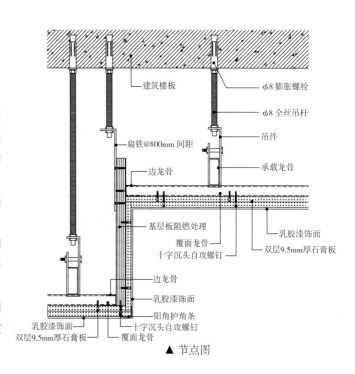

建筑楼板
φ8 膨胀螺栓
φ8 全丝吊杆
吊件
扁铁@800mm 间距
承载龙骨
边龙骨
基层板阻燃处理
乳胶漆饰面
覆面龙骨
十字沉头自攻螺钉
双层9.5mm厚石膏板
边龙骨
乳胶漆饰面
阳角护角条
乳胶漆饰面
十字沉头自攻螺钉
双层9.5mm厚石膏板
覆面龙骨

▲ 节点图

✍ 石膏板与玻璃衔接

◎玻璃隔断是室内常见的隔断形式。玻璃隔断最好到顶，其隔音效果会更好。

◎石膏板与玻璃衔接做法可以用在顶面乳胶漆与玻璃、顶面挡烟垂壁、顶面烟罩等部位。

◎玻璃安装时要注意对成品的保护。

◎在玻璃隔断上部和石膏板相接的位置填充橡胶垫或密封胶，以此来填充空隙。

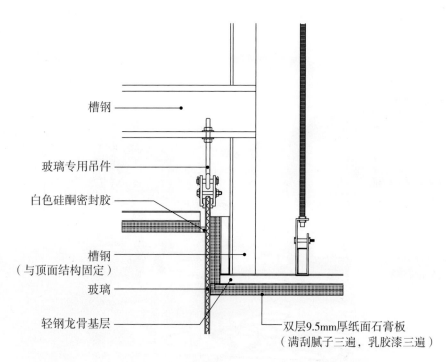

槽钢

玻璃专用吊件

白色硅酮密封胶

槽钢
（与顶面结构固定）

玻璃

轻钢龙骨基层

双层9.5mm厚纸面石膏板
（满刮腻子三遍，乳胶漆三遍）

▲节点图

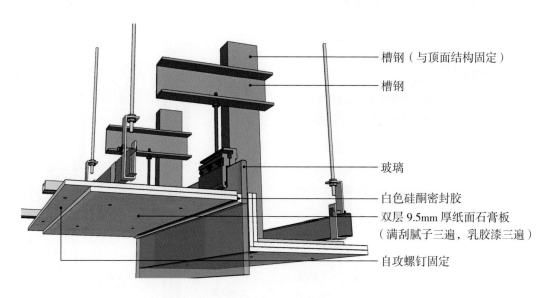

槽钢（与顶面结构固定）

槽钢

玻璃

白色硅酮密封胶

双层9.5mm厚纸面石膏板
（满刮腻子三遍，乳胶漆三遍）

自攻螺钉固定

▲三维示意图

方案

　　案例中整个空间的顶面以纸面石膏板为主要材料，显得简洁宽敞，利用玻璃隔断作为独立区域的分隔，不会给空间带来拥挤感，也能保证独立区域的采光。整个玻璃隔断的面积较大，所以要先在顶面和地面先做好位置线，然后先固定隔断下部，再安装隔断上部，这样才能保证成品效果不出错。

▶ 实景效果图

✏ 石膏板与镜子衔接

◎镜子材料非常适合运用在现代风格中，不仅可以补充光线，还有扩大空间感的作用。

◎镜子要用专用黏合剂与木工板固定，木工板要刷三遍防火涂料。

◎镜子与纸面石膏板相接处要空 1mm 宽距离。

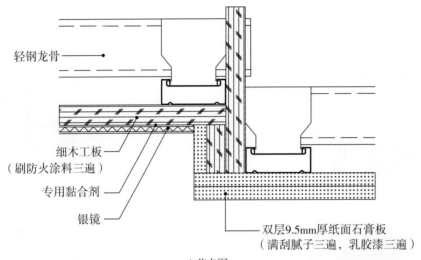

轻钢龙骨

细木工板
（刷防火涂料三遍）

专用黏合剂

银镜

双层9.5mm厚纸面石膏板
（满刮腻子三遍，乳胶漆三遍）

▲节点图

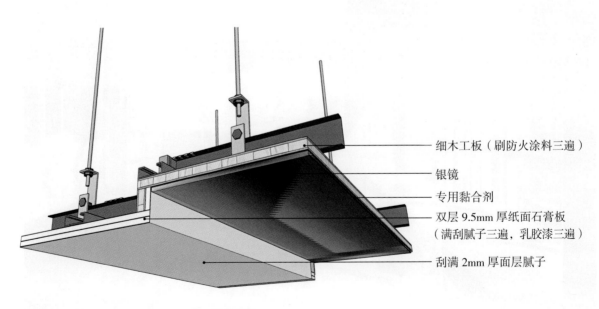

细木工板（刷防火涂料三遍）

银镜

专用黏合剂

双层 9.5mm 厚纸面石膏板
（满刮腻子三遍，乳胶漆三遍）

刮满 2mm 厚面层腻子

▲三维示意图

方案

　　案例中吊顶用石膏板与镜面玻璃做了一个整体结合，利用石膏板做出曲线的边框，中间是镜面玻璃，整体看上去很有边框感和层次感。由于纸面石膏板的承重能力有限，所以镜面玻璃最好使用木工板做基层再粘镜面。

▲实景效果图

矿棉板

矿棉板，顾名思义，就是用矿棉做成的装饰用的板，具有显著的吸音、防火、隔热性能，可以在表面加工精美的花纹和图案。矿棉对人体无害，而废旧的矿棉吸音板可以回收作为原材料进行循环利用，因此矿棉吸音板是一种健康环保、可循环利用的绿色建筑材料。

矿棉板的优点

☑ 吸音降噪

矿棉板的主要原材料为超细矿棉纤维，密度为200~450 kg/m³，因此具有丰富的贯通微孔，能有效吸收声波，减少声波反射，从而改善室内音质，降低噪声。

☑ 安全防火

由于矿棉是无机材料，不会燃烧，而矿棉板中的有机物含量很低，因而使矿棉板达到难燃 B1 级要求，而有些公司的产品已经可以达到不燃 A 级要求。

☑ 防潮性佳

由于矿棉板中含有大量的微孔，比表面积比较大，可以吸收和放出空气中的水分子，调节室内空气湿度。

矿棉板的缺点

☑ 吸潮导致变形

矿棉板容易吸潮，所以自重增加，导致面板中心下坠，变形。

☑ 容易发生黄变

矿棉板吊顶的表面主体为白色，容易受到其他挥发性溶剂的影响而发生黄变，建议装修最后吊装。

矿棉板与石膏板的区别

矿棉板

制作原材料：主要材料为矿物纤维棉

性　　能：有优秀的防火、吸音、隔音性能且装饰效果好

适用范围：广泛应用于各种室内吊顶

石膏板

制作原材料：以建筑石膏为主要原料

性　　能：强度高、防潮性好、不易断裂，其他性能一般

适用范围：不仅可以用于吊顶，还可用于隔断

注：矿棉板和石膏板是板材中常用到的装修材料，故在此进行对比。

矿棉板的材料分类

按表面处理方式分类

按边角处理分类

毛毛虫孔矿棉板

最常见的花纹，吸音效果好，开放型的表面处理方式，因其形状类似毛毛虫而得此名称

针孔花纹矿棉板

表面排布密集的针孔，增加矿棉板得吸音能力，也让矿棉板更美观

喷砂矿棉板

比较高档，是在矿棉板表面喷涂一层密集的砂状颗粒，表面与真石漆类似，适宜做各种造型，不仅美观，而且提高矿棉板的防潮能力

条形花纹矿棉板

主要目的为吸音，需要将基层粘贴上去，达到美观、吸音等效果

平板

跌级板

暗架板

材料施工工艺

✒ 矿棉板与铝格栅衔接

◎矿棉板与铝格栅衔接适合用在办公空间中，矿棉板做员工办公区的顶棚，铝格栅做茶水间或休闲区的顶棚。

◎在安装矿棉板前应对顶棚内的线路、管道等进行隐蔽工程的安全检查。

◎矿棉板的配套龙骨一般采用烤漆 T 形龙骨，间距与横向规格相同。

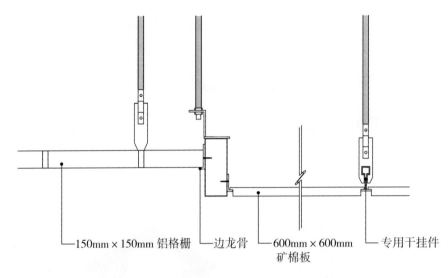

150mm×150mm 铝格栅　边龙骨　600mm×600mm 矿棉板　专用干挂件

▲节点图

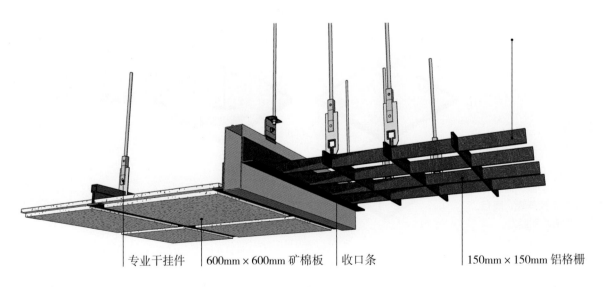

专业干挂件　600mm×600mm 矿棉板　收口条　150mm×150mm 铝格栅

▲三维示意图

方案

案例中矿棉板中间的线性灯穿插且有序安装，让白色矿棉板顶棚不再单调，且矿棉板和铝格栅分别处于等待区和走道两个动和静的区域，分割了两类空间。

▲实景效果图

铝扣板

铝扣板是以铝合金板材为基底制成的装饰板材，近年来生产厂家将各种不同的加工工艺都运用到其中，使其以板面花式、使用寿命、板面优势等代替了 PVC 扣板，获得人们的喜爱。铝扣板施工方便，防水、不渗水，适合用在卫生间、厨房、阳台等空间内。

铝扣板的优点

☑ 优良的板面涂层性能

优质的铝扣板板面平整，无色差，涂层附着力强，能耐酸、碱、盐雾的侵蚀，防腐、防潮，长时间不变色，涂料不脱落，使用寿命在 20 年以上，且保养方便，用水冲洗便洁净如新。

☑ 牢固、适温性强

优质铝扣板一般经 2h 沸水试验无黏合层破坏现象。可在较大的温度变化下使用，其优良性能不受影响。

☑ 非可燃特性

铝扣板的芯层是无毒的聚乙烯，其表面是非可燃的铝板，故表面燃烧特性符合建筑法规的耐火要求。

铝扣板的缺点

☑ 款式较少

铝扣板的板型、款式相对其他吊顶材料较少，装饰效果不佳。

☑ 安装要求高

安装铝扣板吊顶的时候技术要求是比较高的，特别是对于墙面平整度的要求特别高。

铝扣板吊顶与集成吊顶的区别

铝扣板吊顶

本　　质：材料
材　　质：铝型材
使用寿命：一般，10 年左右

集成吊顶

本　　质：安装方式
材　　质：金属方板＋电器
使用寿命：较长，可达到 50 年左右

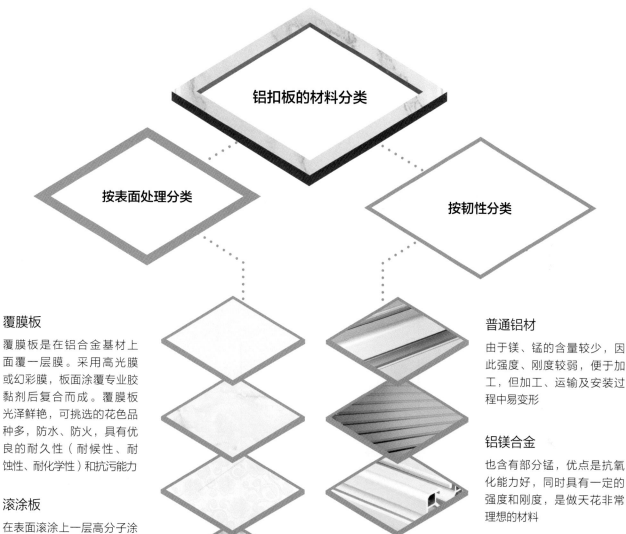

铝扣板的材料分类

按表面处理分类

按韧性分类

覆膜板

覆膜板是在铝合金基材上面覆一层膜。采用高光膜或幻彩膜,板面涂覆专业胶黏剂后复合而成。覆膜板光泽鲜艳,可挑选的花色品种多,防水、防火,具有优良的耐久性(耐候性、耐蚀性、耐化学性)和抗污能力

滚涂板

在表面滚涂上一层高分子涂料,优点是经久耐用,不易变色

阳极氧化板

把扣板作为阳极,采用电解的方式让扣板表面形成氧化物薄膜,运用这种方式也大大提高了扣板的硬度和耐磨性

磨砂板

在铝基板的上面进行拉丝,而后过光油的制造过程

普通铝材

由于镁、锰的含量较少,因此强度、刚度较弱,便于加工,但加工、运输及安装过程中易变形

铝镁合金

也含有部分锰,优点是抗氧化能力好,同时具有一定的强度和刚度,是做天花非常理想的材料

铝锰合金

强度与刚度略优于铝镁合金,但抗氧化能力略低于铝镁合金(若板材的两面都进行了防护处理,则无该缺点)

材料施工工艺

✍ 铝扣板顶棚施工工艺（方形）

◎铝扣板顶棚质轻，防水、防潮性能好，但款式和形态比较单一，适合用于厨卫空间及公装空间当中。

◎安装时，轻钢龙骨固定好后，直接把铝扣板压在轻钢龙骨中即可。

◎条形铝扣板的安装更加考验工人的安装水平，对平整度要求较高，但是一旦解决这些问题，其装饰效果会较好，使顶棚显得更加干净、整齐。

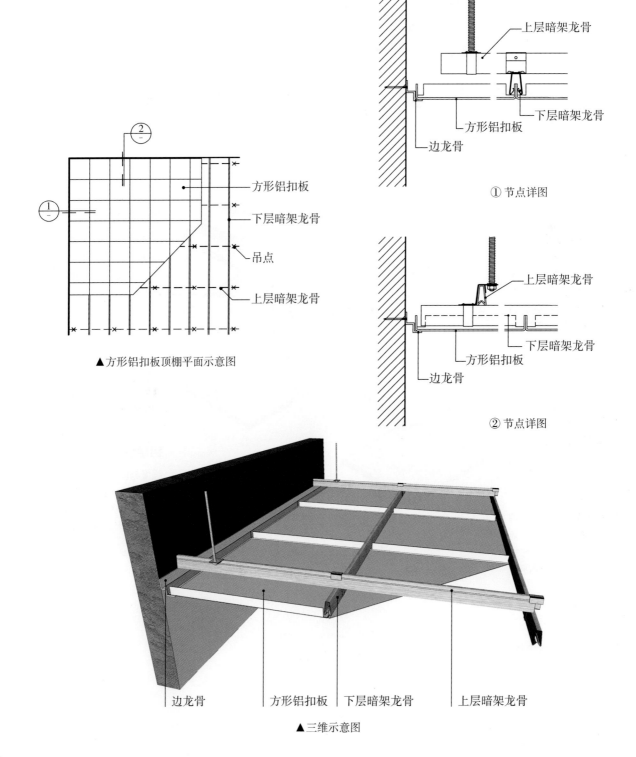

▲方形铝扣板顶棚平面示意图

① 节点详图

② 节点详图

▲三维示意图

方案

案例中方形铝扣板的顶面被用在休闲区，整个休闲区都以白色为主，这与过道的黑色区分开，视觉上也可以起到指引路线的作用。相对于只简单地用白色乳胶漆涂刷顶棚而言，白色铝扣板更有工业气质，既不会抢夺目光又有修饰顶面的效果。

▲实景效果图

✍ 铝扣板顶棚施工工艺（条形）

◎ 铝扣板的安装都大致相同且非常简单，条形与方形的施工工艺大体一致。

◎ 边龙骨可采用 L 形和 W 形。W 形龙骨会更加贴合铝扣板的形状，它们之间的接口会更加美观、自然。

◎ 条形铝扣板的安装更加考验工人的安装水平，对平整度要求较高，但是一旦解决这些问题，其装饰效果会较好，使顶棚显得更加干净、整齐。

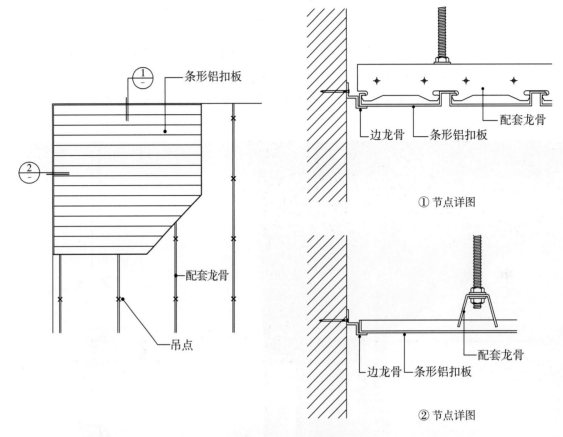

① 节点详图

② 节点详图

▲条形铝扣板顶棚平面示意图

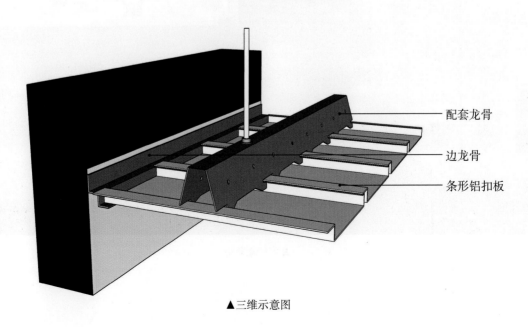

▲三维示意图

方案

　　案例中汽车的展厅展现的是充满科技感和现代感的氛围，所以在顶棚和墙面使用了金属材料，呼应着有光泽的金属车体。展厅的层高不是很高，所以条形的铝扣板有纵向拉伸空间的效果。

▲实景效果图

✍ 铝扣板顶棚施工工艺（条形无缝拼接）

◎ 无缝拼接的形式会让顶棚更加整体，让空间更加具有整体性，但是会让空间缺乏变化，因此更多用于开放型的办公空间中。

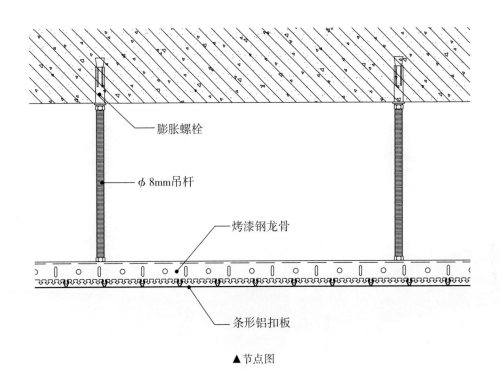

膨胀螺栓

φ8mm吊杆

烤漆钢龙骨

条形铝扣板

▲ 节点图

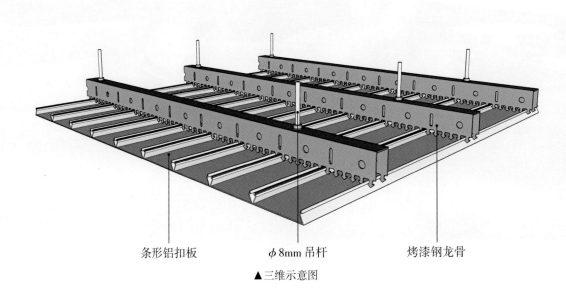

条形铝扣板　　　φ8mm吊杆　　　烤漆钢龙骨

▲ 三维示意图

方案

　　开放式办公空间对于顶棚的装饰效果要求一般较少，只要保证看上去简洁大方就可以，太多的造型设计，反而会给人压抑感。铝扣板与灯具组成顶棚，白色的色彩和无缝的拼接手法，让顶棚形成完整的一体。

▲实景效果图

铝方通

铝方通，又可以叫 U 形方通、U 形槽，是近几年来流行的吊顶材料之一，具有开放的视野，通风透气的特点。其线条明快整齐、层次分明，整体干净利落，并且安装、拆卸简单方便。

铝方通的优点

☑ 可设计不同装饰效果

安装不同的铝方通可以选择不同的高度和间距，可一高一低，一疏一密，加上合理的颜色搭配，令设计千变万化，能够设计出不同的装饰效果。

☑ 易拆装

铝方通安装简单，维护同样也很方便，由于每条铝方通是单独的，可随意安装和拆卸，无需特别工具，便于维护和保养。

铝方通的缺点

☑ 不适合较小空间

虽然铝方通的尺寸规格可以定制，但是大多数用在类似商场、酒店、机场、车站等人流量较大的公共场所，比较少用在住宅空间中。

☑ 成本较高

相对于其他铝材，铝方通的成本会较贵。

铝方通与铝方管的区别

铝方通

形　状：U 形、凹槽形

安装系统：使用龙骨

适用范围：适用于各种大型场合吊顶

铝方管

形　状：口字形

安装系统：使用配件

适用范围：一般用于外墙装饰或结构式的系统

注：同样是非常相似的两种材料，故在此进行对比。

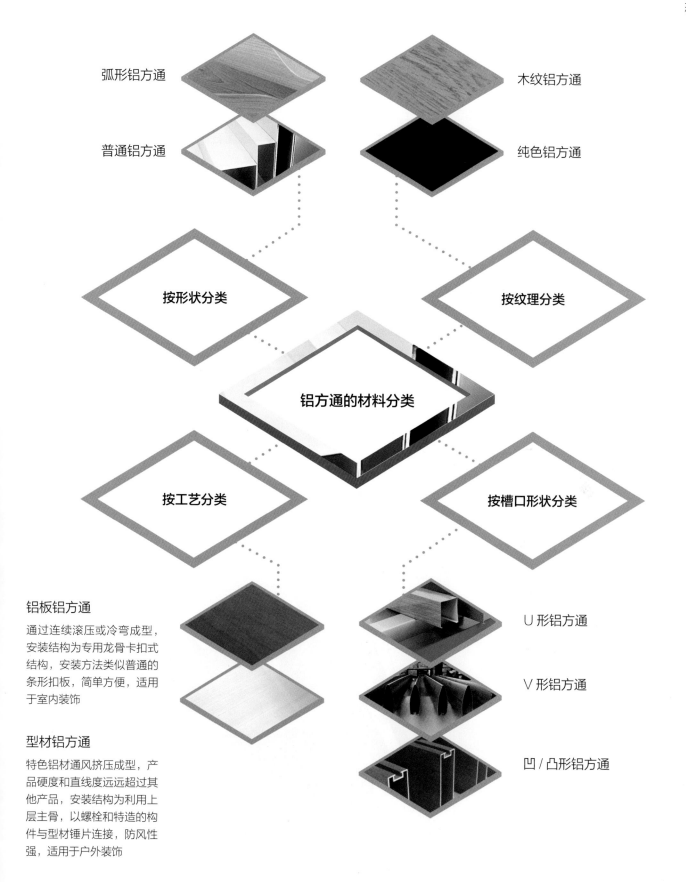

弧形铝方通

木纹铝方通

普通铝方通

纯色铝方通

按形状分类

按纹理分类

铝方通的材料分类

按工艺分类

按槽口形状分类

铝板铝方通

通过连续滚压或冷弯成型，安装结构为专用龙骨卡扣式结构，安装方法类似普通的条形扣板，简单方便，适用于室内装饰

U 形铝方通

V 形铝方通

型材铝方通

特色铝材通风挤压成型，产品硬度和直线度远远超过其他产品，安装结构为利用上层主骨，以螺栓和特造的构件与型材锤片连接，防风性强，适用于户外装饰

凹 / 凸形铝方通

材料施工工艺

☑ 铝方通与乳胶漆衔接

◎ 在很多公共空间中会使用铝方通修饰顶面，看上去整齐简洁，施工又非常便利。

◎ 乳胶漆一般会被涂刷在石膏板上，作为修饰。

◎用自攻螺钉将纸面石膏板固定于龙骨上，并且注意纸面石膏板与铝方通之间应留 20mm 宽的间隙。

◎用自攻螺钉将铝方通与次龙骨固定，要注意顶棚的完成面高度与纸面石膏板的完成面高度应一致，并注意成品保护。

◎对纸面石膏板满刮腻子三遍，再刷乳胶漆三遍。

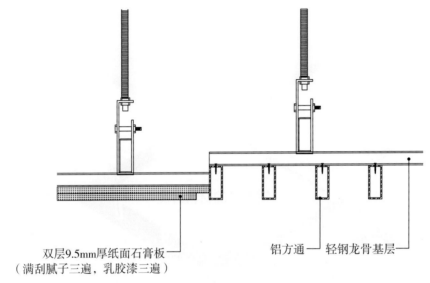

双层9.5mm厚纸面石膏板
（满刮腻子三遍，乳胶漆三遍）　　铝方通　轻钢龙骨基层

▲节点图

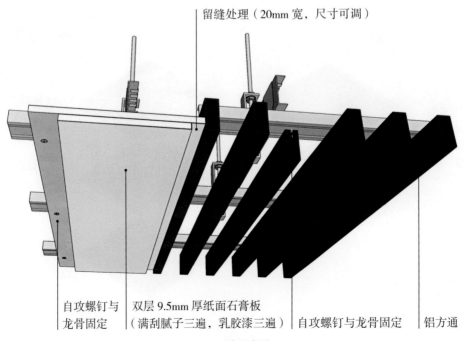

留缝处理（20mm 宽，尺寸可调）

自攻螺钉与　　双层 9.5mm 厚纸面石膏板
龙骨固定　　（满刮腻子三遍，乳胶漆三遍）　自攻螺钉与龙骨固定　铝方通

▲三维示意图

方案

　　案例中的办公空间面积较大，所以整个顶面会出现材质的变化。将铝格栅嵌在顶棚内部，但与石膏板相平，整体顶棚形成了平整的空间，同时铝格栅上刷木纹漆，与地面的橙色相呼应，把前台空间与周围的休闲区做了区分。

▲实景效果图

✍ 铝方通与木饰面衔接

◎木饰面通常给人温暖、柔和的观感，非常适合营造朴素、宁静的氛围。

◎搭配非常有金属感的铝方通，可以形成动与静的对比。

◎在定高度时，可以根据顶棚设计图，弹出构件材料的纵横布置线、造型复杂部位的轮廓线及顶棚标高线。

◎在铝方通安装完成后，进行最后的调平，在方通和木饰面的衔接处留 50mm 宽的缝隙。

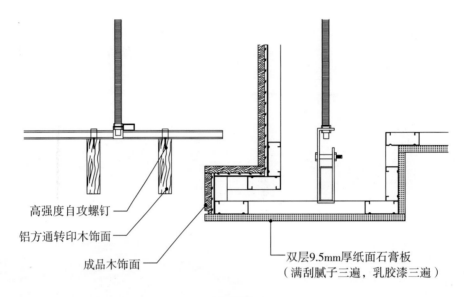

高强度自攻螺钉
铝方通转印木饰面
成品木饰面

双层9.5mm厚纸面石膏板
（满刮腻子三遍，乳胶漆三遍）

▲节点图

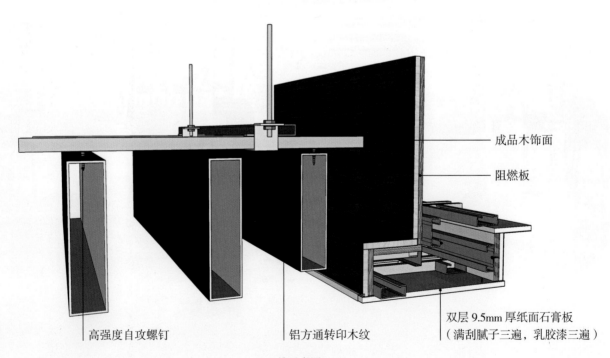

成品木饰面

阻燃板

双层 9.5mm 厚纸面石膏板
（满刮腻子三遍，乳胶漆三遍）

高强度自攻螺钉

铝方通转印木纹

▲三维示意图

　　案例中的办公空间在视觉上利用两种材料的相接，对空间进行了划分。铝方通吊顶下方对应的是休闲区域，而木饰面吊顶下方对应的是通行区域，这样整个空间既有主次区域的划分，又不会破坏整体感。同时，铝方通中间穿插着筒灯和风口，有规律地分布在顶棚上，形成了带有节奏的韵律感。

▶实景效果图

GRG

GRG 是玻璃纤维增强石膏板的缩写，它是一种特殊改良纤维石膏装饰材料，造型的随意性使其成为要求个性化的建筑师的首选，它独特的材料构成方式足以抵御外部环境造成的破损、变形和开裂。此种材料可制成各种平面板、各种功能型产品及各种艺术造型，是目前国际上建筑材料装饰界最流行的更新换代产品。

GRG 的优点

☑ 无限可塑性

GRG 选形丰富，可任意采用预铸式加工工艺来定制单曲面、双曲面、三维覆面各种几何形状、镂空花纹、浮雕图案等任意艺术造型，可充分发挥设计想象。

☑ 自然调节室内湿度

GRG 板是一种有大量微孔结构的板材，在自然环境中，多孔结构可以吸收与释放空气中的水分，起到调节室内相对湿度的作用。

☑ 声学效果好

经过良好的造型设计，可构成良好的吸音结构，达到隔音、吸音的作用。

GRG 的缺点

☑ 质量参差不齐

国内 GRG 厂家并不多，高质量的 GRG 材料几乎被大厂垄断，相对造价较高。

☑ 自重较重

GRG 自重较重，所以不能使用型号小于 40mm×40mm 的方管或角钢作为基层骨架。

GRG 与 GRC 的区别

GRG

原　　料：石膏

塑　　形：不需要，造型随意可变

适用范围：主要应用于室内装修

GRC

原　　料：水泥

塑　　形：需要通过模具塑形

适用范围：主要应用于室外装饰

注：GRG 和 GRC 非常容易让人混淆，故在此进行比较。

材料生产工艺

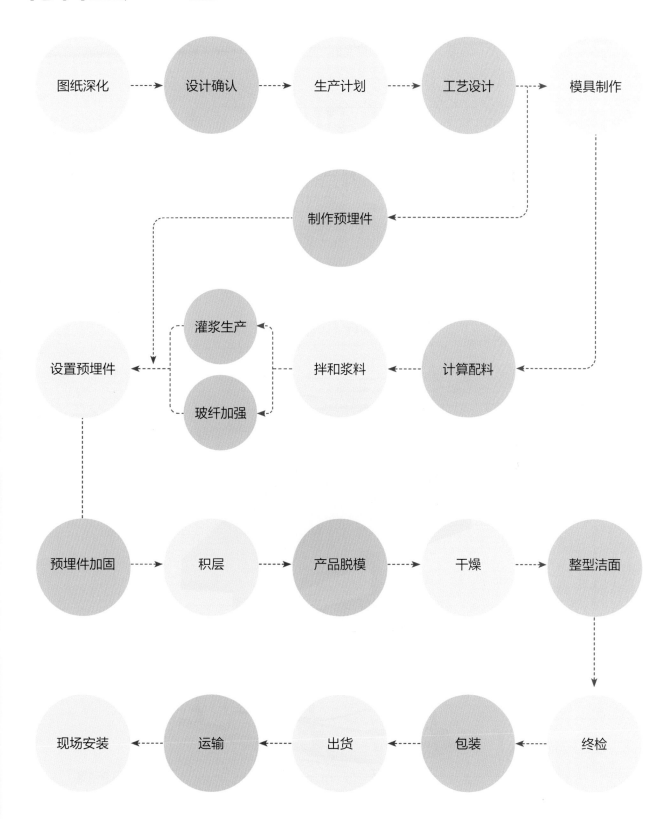

图纸深化 ┄┄→ 设计确认 ┄┄→ 生产计划 ┄┄→ 工艺设计 ┄┄→ 模具制作

制作预埋件

设置预埋件 ┄┄ 灌浆生产 / 玻纤加强 ┄┄ 拌和浆料 ┄┄ 计算配料

预埋件加固 ┄┄→ 积层 ┄┄→ 产品脱模 ┄┄→ 干燥 ┄┄→ 整型洁面

现场安装 ┄┄ 运输 ┄┄ 出货 ┄┄ 包装 ┄┄ 终检

材料施工工艺

☑ GRG 石膏板顶棚施工工艺

◎ GRG 属于一种改良性纤维石膏装饰材料，可塑性强，经常用做异形顶棚。

◎ GRG 表面光洁平滑，呈白色（白度达 90% 以上），可以和各种涂料及饰面材料进行良好的黏结，形成极佳的装饰效果。

◎ 为保证 GRG 顶棚的整体刚度，防止以后顶棚变形，应先安装造型 GRG 顶棚，有利于顶棚造型的定位。

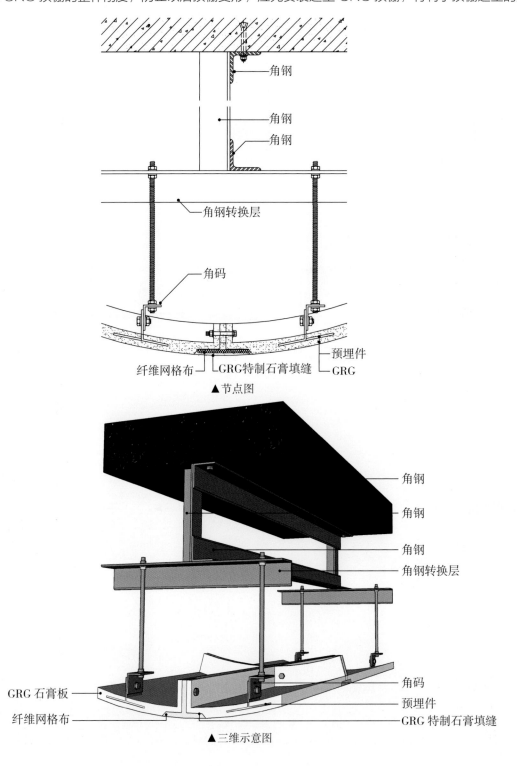

▲节点图

▲三维示意图

　　案例中是一个专为金融科技这个新兴行业而设计的办公空间。同样地使用科技手段，参数化设计的旋梯呼应了金融科技行业常用编程技术的这一特性。另外，材料简单，气氛轻松，多样的办公形态使得员工更爱留在办公室。楼梯上的肌理并非是手绘创作出来的，而是通过计算机编程生成出来的独特的数字肌理，凸显了计算机科技的行业特性。

▶ 实景效果图

✒ GRG 与乳胶漆衔接

◎ GRG 石膏板能够将很多新颖、独特的造型进行落地，一般分块安装，对不同块之间的接缝处理工艺要求较高。

◎ 使用 M10 膨胀螺栓将 4 号镀锌角钢与顶面进行固定。角钢之间的焊接处理应满足完成面的尺寸要求。

◎ 将 GRG 石膏板用不锈钢挂件固定在镀锌角钢上，且 GRG 石膏板与纸面石膏板应留有 5mm 宽的间隙。

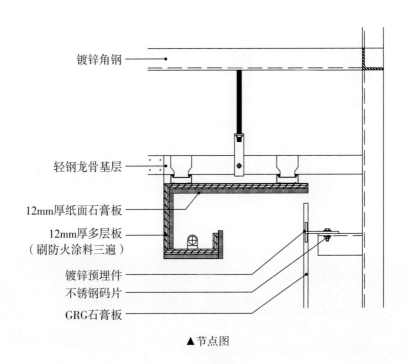

镀锌角钢

轻钢龙骨基层

12mm厚纸面石膏板

12mm厚多层板
（刷防火涂料三遍）

镀锌预埋件

不锈钢码片

GRG石膏板

▲节点图

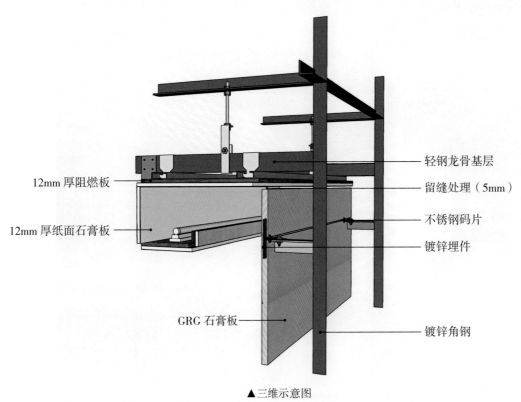

12mm 厚阻燃板

12mm 厚纸面石膏板

GRG 石膏板

轻钢龙骨基层

留缝处理（5mm）

不锈钢码片

镀锌埋件

镀锌角钢

▲三维示意图

方案 案例中的整个餐厅设计都是以柔和的曲线为主，所以在吊顶的设计上通过将GRG石膏板做成玫瑰花的形状，层层叠叠，从而让人的视觉中心不由地聚焦到了圆柱及吧台的周围，同时整个顶棚的装饰效果也非常突出。

▶ 实景效果图

透光板

透光板是高分子材料，具有透明、透光的特点，配上艳丽悦目的色彩，可以将单调的板面变得更加立体化。

透光板的优点

☑ **性能好，绿色环保**

透光板强度高、抗老化、吸水率低、无污染、无辐射、安装方便、不易破碎，是绿色环保建材。

☑ **可随意造型**

透光板可以根据需求随意进行弯曲，并能做到无缝粘接，真正达到浑然天成的效果。

☑ **尺寸可调制**

透光板的大小、厚薄可以随意地调制，但单块面板的最长边不建议大于3000mm，以便后期施工以及防止自身的热胀冷缩。

透光板的缺点

☑ **自身存在热胀冷缩**

透光板中间是塑料，表面是一层亚克力，所以使用中热胀冷缩容易造成脱层问题。

☑ **花纹、色彩比较生硬**

由于是机器制作，所以透光板的表面图案或花纹、色彩很难有自然感，会比较生硬。

透光板与透光石的区别

透光板

材　　质：高分子复合材料

适用范围：各种建筑物的透光幕墙、透光吊顶、透光灯饰等

透光石

材　　质：纯天然石材

适用范围：只适合小面积地装饰墙面、地面、洗手台、背景墙等

注：很多人混淆透光板和透光石，认为是同一种材料，故在此进行比较。

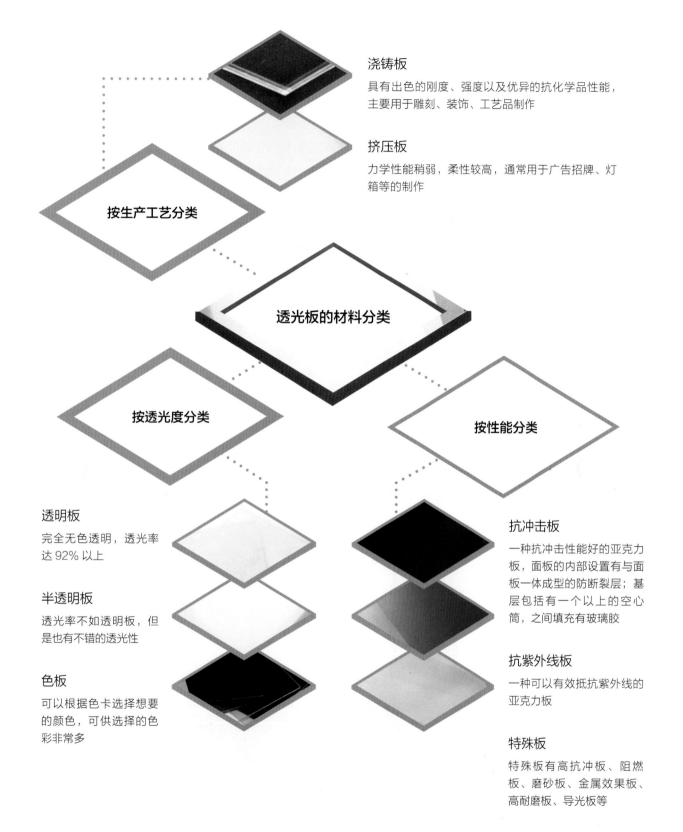

浇铸板
具有出色的刚度、强度以及优异的抗化学品性能，主要用于雕刻、装饰、工艺品制作

挤压板
力学性能稍弱，柔性较高，通常用于广告招牌、灯箱等的制作

按生产工艺分类

透光板的材料分类

按透光度分类

按性能分类

透明板
完全无色透明，透光率达 92% 以上

半透明板
透光率不如透明板，但是也有不错的透光性

色板
可以根据色卡选择想要的颜色，可供选择的色彩非常多

抗冲击板
一种抗冲击性能好的亚克力板，面板的内部设置有与面板一体成型的防断裂层；基层包括有一个以上的空心筒，之间填充有玻璃胶

抗紫外线板
一种可以有效抵抗紫外线的亚克力板

特殊板
特殊板有高抗冲板、阻燃板、磨砂板、金属效果板、高耐磨板、导光板等

材料施工工艺

✍ 透光板与石膏板衔接

◎ 透光板隔音隔热性能好，易于清洁，还具有一定的抗污、抗腐蚀性，使用不同植物的姿态及无序的纹理，同时抗弯折能力也较强，可以做出任意形状，具有很强的可塑性。

◎ 透光板的表面一般为亚克力、PC 等耐久性、透光率更强的材料。

◎ 安装亚克力透光板，在边角处留 2mm 宽的距离，方便检修。

◎ 透光板的形状可以根据顶棚设计进行剪裁，其轻钢龙骨基层框架也要根据设计进行安装，确保落地效果与图纸相同。

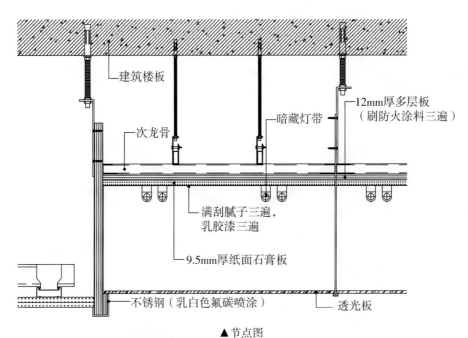

建筑楼板

次龙骨

暗藏灯带

12mm厚多层板
（刷防火涂料三遍）

满刮腻子三遍，
乳胶漆三遍

9.5mm厚纸面石膏板

不锈钢（乳白色氟碳喷涂）

透光板

▲节点图

阻燃板

LED 灯带

透光板

9.5mm 厚纸面石膏板
（满刮腻子三遍，乳胶漆三遍）

不锈钢（乳白色氟碳喷涂）

▲三维示意图

方案一

　　案例中商店的顶面被透光板分割成几个不同的区域，整体利用红色的石膏板作为与其他界面的呼应，着重在收银区、售卖区利用透光板起到引导和突出的作用，让视觉有了焦点。为了让石膏板与透光板过渡自然，透光板用不锈钢收边后，又用PVC做了黑色的边框，作用在于突出透光板的位置和形状。

▲实景效果图

方案二　　　　案例中二层的就餐区是整个空间的"重头戏"，光线透过橙色透光板照进空间里，形成了一种温润的日落观感。昏昏黄黄，层次分明。与一层不同的是，二层将开敞座位区放置在中间，洗手间、包厢和吸烟室等功能区域则分散在外围排布。这样的设置，使得以上三个功能区域分别获得了独立又独特的场景感。

▶ 实景效果图